El universo en una caja

El universo en una caja

Una nueva historia del cosmos

Andrew Pontzen

Traducción de
Álvaro Marcos

Papel certificado por el Forest Stewardship Council®

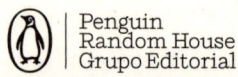

Título original: *The Universe in a Box*

Primera edición: mayo de 2024

© 2023, Andrew Pontzen
© 2024, Penguin Random House Grupo Editorial, S.A.U.
Travessera de Gràcia, 47-49. 08021 Barcelona
© 2024, Álvaro Marcos Lantero, por la traducción

Printed in Spain – Impreso en España

ISBN: 978-84-19399-23-6
Depósito legal: B-4.431-2024

Compuesto en Comptex&Ass., S. L.
Impreso en Impreso en Black Print CPI Ibérica
Sant Andreu de la Barca (Barcelona)

C399236

A mi familia

Índice

Para que una cosa exista, ¿basta la firme convicción?

WILLIAM BLAKE,
El matrimonio del cielo y el infierno

Introducción

Muy de tanto en tanto se producen descubrimientos en la vida que nos abren la mente a una dimensión completamente nueva. A la hora de situar el origen de su pasión por el espacio, mis colegas astrónomos suelen remontarse al día en que, siendo niños, les regalaron un telescopio; a la primera noche que durmieron al raso, bajo las estrellas; o a las retransmisiones televisivas de las primeras expediciones a la Luna. En mi caso, el recuerdo que perdura en mi memoria es el hallazgo del ordenador de mi padre, un Spectrum ZX, cuando yo tenía siete años. Músico de profesión e ingeniero electrónico de formación, mi padre trabajaba por aquella época con varios de los primeros modelos de sintetizadores digitales. La informática doméstica constituía por entonces la nueva frontera tecnológica. Con su teclado de plástico, adornado con el característico arcoíris, el Spectrum estaba enchufado a una televisión vieja que teníamos en el sótano y no tardó en absorber toda mi atención durante horas y horas al día. Si se le daban las instrucciones adecuadas, la máquina era capaz de hacer casi cualquier cosa, o esa impresión daba.

El Spectrum podía almacenar juegos y otros programas (aplicaciones y código, en la terminología actual) en casetes de audio. Cargar alguno de ellos suponía embarcarse en una aventura incierta que conllevaba buenas dosis de ensayo y error: había que pasar la cinta hacia adelante o rebobinarla hasta encontrar el punto exacto, después teclear LOAD («cargar»), apretar el botón de PLAY de la pletina y esperar unos minutos mientras el aparato emitía unos sonidos extraños, como de ciencia ficción, y en la pantalla aparecían destellos de colores psicodélicos. Pasado un rato, el proceso de carga concluía abruptamente y, si había suerte, el juego arrancaba.

Un día, en una de las innumerables casetes de mi padre encontré un programa llamado SatOrb.[1] El juego, una verdadera joya, consistía en lanzar un satélite y ponerlo en la órbita del planeta que eligieras (se podía escoger cualquiera del sistema solar). Había que introducir una altura y una velocidad iniciales y, en función de esos parámetros, el programa calculaba la hipotética trayectoria del aparato. A medida que la ruta, una línea amarilla y pixelada, iba apareciendo lentamente en la negra pantalla, el jugador intentaba adivinar qué sucedería a continuación. ¿Se estrellaría el satélite contra la superficie del planeta? ¿Se perdería en el espacio? ¿O lograría su objetivo de fijar una órbita estable? Con la práctica, uno aprendía a introducir los valores adecuados, de modo que la nave diera una vuelta completa al planeta, como sucede con la Luna y con los miles de satélites artificiales que giran alrededor de la Tierra.

SatOrb despertó mi interés por la física y por la programación, una afición que me tuvo encerrado gran parte de la adolescencia en el sótano de casa, escribiendo código para crear mis propios programas informáticos. Es cierto que tenía algunos libros sobre el espacio que me gustaba hojear y que de tanto en tanto observaba el cielo nocturno, pero nunca se me ocurrió pedir que me regalaran un telescopio. El borroso universo de píxeles a todo color de la pequeña caja negra con la que trabajaba se me antojaba más real que el remoto espacio exterior.

Lo que yo no sabía por entonces es que SatOrb era en realidad una simulación rudimentaria.

Las simulaciones tratan de reproducir escenarios reales con la ayuda de un ordenador y su uso está hoy tan extendido que atañen a casi todos los aspectos de nuestra vida. Las predicciones meteorológicas en las que confiamos se basan en simulaciones de la atmósfera de la Tierra. Los prototipos de los coches que conducimos o de los aviones en que volamos han sido probados antes mediante simulaciones. Y estas son también una parte esencial de los efectos especiales generados por ordenador que se emplean en cine y televisión. El desarrollo de videojuegos, de prototipos arquitectónicos, de planes financieros e incluso el de algunos procesos de toma de decisiones en la sanidad pública se apoyan asimismo en el uso de simulaciones informáticas.

Mi labor como cosmólogo implica desarrollar simulaciones del universo con la ayuda de ordenadores. El objetivo es lograr comprender qué hay ahí fuera, cómo surgió y cómo afecta a nuestra vida aquí, en la Tierra. En líneas generales, usamos el ordenador como si fuera un laboratorio. A diferencia de otros científicos, los cosmólogos no podemos desarrollar experimentos en el sentido tradicional del término: no hay forma de controlar el universo y, en el improbable caso de que pudiéramos hacerlo, tendríamos que esperar eras cósmicas (miles de millones de años) para obtener resultados. Por el contrario, las simulaciones permiten recrear un universo informatizado donde el tiempo y el espacio están bajo nuestro control.

Lo que me atrapó de los ordenadores desde un principio fue la posibilidad de crear mundos virtuales. No obstante, mi vida actual no consiste en estar encerrado, tecleando, en una habitación oscura. Trabajo con decenas de colegas no solo de Londres, donde resido, sino de todo el mundo, y publicamos el resultado de nuestras investigaciones en revistas científicas que llegan a centenares de expertos del mismo campo. El éxito de esta empresa radica en la suma y la acumulación del trabajo de miles de personas, quienes emplean para ello ordenadores extraordinariamente potentes, máquinas que ocupan habitaciones enteras refrigeradas con aire acondicionado.

Existe otra diferencia importante entre mi trabajo actual y SatOrb: la trayectoria de una nave que orbita alrededor de un planeta se puede calcular usando papel y lápiz. Los cálculos manuales pueden ser tediosos y susceptibles de error, pero no hay nada de lo que hace SatOrb que no pueda hacer un humano con algo de paciencia. Los resultados que arroja el programa no sorprenderían a ningún licenciado en Física y, desde luego, no revelan nada novedoso sobre la realidad en la que vivimos. Sin embargo, cuando simulamos el universo en su totalidad, sí que aprendemos cosas nuevas, ya que los resultados superan a menudo nuestras expectativas.

En este libro, trataré de explicar por qué sucede eso. Pues no se trata solo de la delirante extensión física del universo, aunque ese sea, por supuesto, un factor digno de consideración. Si ya es difícil hacerse una idea cabal de las dimensiones de la Tierra, con sus casi trece mil kilómetros de diámetro, no digamos ya del tamaño del Sol (1,3 millones de veces más grande que nuestro planeta). Este, además, es solo una de entre los cientos de miles de millones de estrellas de la galaxia que habitamos, la Vía Láctea, que a su vez, es solo una de los cientos de miles de millones de galaxias (con sus diferentes formas, tamaños y colores) que conforman lo que conocemos como «red» o «telaraña cósmica». A pesar de su gigantesca escala, las simulaciones revelan el papel que estas estructuras han desempeñado en nuestro propio origen, pues, como intentaré mostrar, las formas de vida basadas en el carbono no podrían haber aparecido en nuestro pequeño y rocoso planeta sin la intervención de estas estructuras colosales. Es algo verdaderamente alucinante y resulta difícil hacerse una idea cabal de ello.

Pero el universo no solo es gigantesco. También es de una complejidad enorme. Y las simulaciones informáticas resultan en especial útiles a la hora de rastrear el caleidoscopio formado por los miles de millones de estrellas, agujeros negros, nubes de gas y motas de polvo. Es extraordinariamente difícil anticipar el comportamiento colectivo de semejante cantidad de elementos cuando se combinan, pues no puede deducirse tan solo de las leyes físicas que rigen el comportamiento individual de cada uno.

Esta gran diferencia entre las conductas individuales y colectivas puede apreciarse mediante el estudio de los insectos sociales en la Tierra. Las hormigas guerreras, por ejemplo, se desplazan en masa para localizar colonias de insectos más pequeños, a los que devoran. Mientras avanzan, realizan increíbles hazañas cooperativas: usan el cuerpo para allanar el camino o incluso para construir puentes con los que salvar los pequeños accidentes del terreno. Sin embargo, ninguna de ellas decide qué ruta hay que seguir para encontrar comida, ni diseña los planos del puente o dictamina en qué punto del camino hay que rellenar badenes. No existe un principio organizador como tal, pero aun así desarrollan estructuras organizadas, difícilmente predecibles si uno estudia la conducta de una hormiga aislada.

En un principio, esto puede parecernos contraintuitivo, ya que las formas humanas de organización social se asientan fuertemente sobre la jerarquía y la planificación. Al contemplar el comportamiento colectivo de las hormigas guerreras, un observador humano se sentirá tentado de atribuir la eficaz estrategia del grupo para conseguir comida a la sagaz decisión de uno de los miembros de la colonia. Pero no existe tal individuo. Solo existen hormigas solitarias que siguen reglas sencillas e invariables, como la de unirse a su compañera para formar un puente cuando tienen un gran número de individuos empujando detrás, o deshacer la estructura y reanudar la marcha cuando ya no hay más compañeras trepando por su espalda.[2] La complejidad emerge del gran número de individuos que siguen estas reglas.[3]

Uno de los objetivos principales de los cosmólogos es lograr entender cómo puede emerger un universo coherente y organizado a partir de una aglomeración de estrellas, gas y polvo cósmico. Para ello, construimos simulaciones informáticas basadas en las leyes de la naturaleza (como las que gobiernan la gravedad, la física de partículas, la luz o la radiación, entre otras), con el objetivo de obtener predicciones que puedan ser contrastadas a su vez con las observaciones del cielo nocturno. Gracias a la precisión y rapidez de su aritmética, los ordenadores pueden aplicar una y otra vez reglas sencillas a millones o miles de millones de subelementos, revelando de paso cómo un conjunto de reglas determinadas puede generar nuevos y sorprendentes comportamientos colectivos.

Las simulaciones nos ofrecen una visión panorámica y nos permiten hacernos una idea del modo en que el universo trasciende las leyes de la naturaleza a su pequeña escala. Al terminar el libro, habremos comprendido hasta qué punto es radical el intrincado ecosistema cósmico del que depende nuestra contingente existencia.

El arte de las simulaciones

Hace falta bastante descaro para pretender capturar el universo en un ordenador, pues las dificultades son inherentes al propio objetivo: comprender cómo se combina una multiplicidad de influencias diminutas para determinar un resultado global constituye una labor intrínsecamente compleja. Basta con que la simulación calibre mal, aunque sea por poco, uno de los parámetros para que el resultado sea del todo erróneo. El arte de la simulación consiste en representar los elementos individuales con tanta precisión como sea posible, teniendo en cuenta al mismo tiempo las inevitables limitaciones del propio cálculo, de modo que las conclusiones puedan abordarse con la necesaria cautela.

A primera vista, la prudencia puede chocarnos. En el colegio nos enseñan que el universo se rige por una serie de leyes rígidas e incontestables, por lo que, en principio, debería ser posible construir un modelo virtual siguiendo las leyes de la física mecánica que han sido tan rigurosa y extensamente verificadas. El margen de error debería ser pequeño. Esas leyes constituyen, además, una colección formal de conocimientos y expectativas formulados en el preciso lenguaje de las matemáticas, un lenguaje perfecto, a su vez, para ser traducido a código informático. Sin embargo, no todo es tan sencillo como podría parecer.

Pensemos en un parte meteorológico. Los presentadores de la tele que nos dicen qué tiempo hará mañana basan sus predicciones en simulaciones informáticas de la atmósfera de la Tierra que combinan la interacción de innumerables factores (como el viento, las nubes o la lluvia) para elaborar posibles escenarios. Pero ni el viento, ni las nubes ni la lluvia son objetos directos en las leyes de la física, pues estas atañen en realidad a los átomos y a las moléculas individuales. El tiempo meteorológico es la combinación del efecto de las 10^{44} moléculas que existen en la atmósfera terrestre, cuya localización y movimiento individuales tendría que conocer el simulador.

Pero tal conocimiento es imposible. La capacidad de cualquier ordenador es limitada y puede medirse en bits, la cantidad mínima de almacenamiento (equivalente a un interruptor, que puede estar encendido o apagado). Por sí mismo, un solo bit no es muy descriptivo de nada, pero si se cuenta con el número suficiente de ellos, se puede almacenar cualquier información. Las imágenes en blanco y negro, por ejemplo, pueden representarse en forma de bits en una cuadrícula: un interruptor activado representa un punto negro y uno desactivado, una celda vacía. Números, letras, colores, sonidos, vídeos, amigos de Facebook…; todo puede ser almacenado en forma de bits, y cuantos más bits tengamos, más descriptiva será nuestra representación de la información almacenada. El Spectrum ZX de mi padre tenía casi cuatrocientos mil bits de memoria. El portátil en el que estoy tecleando esto tiene cien mil millones de bits. Hay superordenadores que tienen más de diez mil billones.

Esas capacidades ni siquiera se acercan a lo que haría falta para poder simular la atmósfera de la Tierra a escala molecular. Si almacenáramos la información correspondiente a cada molécula en un bit, necesitaríamos incrementar en un factor de 10^{21} la capacidad actual de los centros de computación mundiales.[4]

Las predicciones meteorológicas, por tanto, no pueden construirse sobre la base de átomos y moléculas, del mismo modo que las simulaciones que tratan de estudiar galaxias enteras tampoco pueden basarse en sus componentes fundamentales. Para poder ser generadas por ordenador, las descripciones del clima, de una galaxia o del propio universo tienen que combinar vastos números de moléculas y representar cómo se mueven en masa: cómo colisionan entre sí, cómo transportan energía, cómo reaccionan a la luz y la radiación, etc.; y todo ello sin hacer referencia explícita a los incontables elementos individuales que conforman el conjunto.

Si el objetivo consistiera solo en reproducir la realidad en un ordenador, los recursos con que contamos resultarían ridículamente escasos, pues las limitaciones de lo que podemos lograr en la práctica son desalentadoras. Sin embargo, durante el último medio siglo, a medida que la tecnología ha ido avanzando, la creciente comunidad internacional de astrofísicos ha conseguido afinar cada vez más las simulaciones cosmológicas con la ayuda de una serie de astutos atajos y trucos técnicos.

En las páginas que siguen explicaré cómo se inventaron algunos de ellos. En algunos casos, nacieron gracias al duro trabajo de doctorandos que luchaban por que sus ideas fueran reconocidas; en otros, fueron el fruto de la investigación de laboratorios enteros, cuyos equipos unieron fuerzas para resolver complicados problemas; y aun en otros, de proyectos de investigación impulsados a nivel nacional por altas instancias gubernamentales. Algunos de esos atajos se apoyan sobre una sólida base teórica, pero otros fueron más —seamos sinceros— como dar palos de ciego. Por esa razón, no siempre podemos tomarnos al pie de la letra los resultados de las simulaciones.

Y este problema no es exclusivo de la cosmología. La humanidad confía cada vez más en simulaciones, modelos y algoritmos, y las líneas divisorias entre estas categorías son borrosas. Tiendo a pensar en los algoritmos como parámetros que determinan un curso de acción; por ejemplo, la forma en que un piloto automático corrige el rumbo de un avión, en que un sitio web decide qué publicaciones mostrar, o aquella en que un GPS calcula una ruta de viaje. En los casos en que estas decisiones no son evidentes, hace falta contar con un modelo subyacente, es decir, con una descripción previa de fenómenos relevantes como pueden ser la dinámica del vuelo, los intervalos de atención humana o el esperable flujo de tráfico. Si ese modelo conlleva la interacción de numerosos elementos diferentes, la mejor herramienta para representarlo es una simulación.

Un buen ejemplo de la delgada línea que separa los algoritmos, los modelos y las simulaciones son las operaciones financieras, un campo en el que la física desempeñó un papel crucial en la crisis económica de 2008.[5] El objeto de los modelos financieros es predecir la fluctuación de las acciones, partiendo de la información que tenemos sobre el mundo real. Esas predicciones, por supuesto, no pueden calcularse al detalle, pero a principios del año 2000, los fondos de cobertura quedaron fascinados con los físicos teóricos y su capacidad para hacer conjeturas fundamentadas. A partir de una serie de asunciones simples sobre cómo evoluciona el valor de las acciones individuales en el tiempo, los llamados *quants** construyeron simulaciones de los movimientos de los mercados a largo plazo.[6] Basándose en las predicciones resultantes, los gestores de inversiones comenzaron a realizar operaciones especulativas.

Pero los modelos y las simulaciones no son recreaciones de la realidad, sino que son tan fiables como lo sean las simplificaciones sobre las que reposan. Cuando los mercados se alteran, los inversores individuales entran en pánico y comienzan a cuestionarse cada decisión. Es muy difícil desarrollar reglas que describan cómo se comporta la bolsa en esas circunstancias, y las apuestas pueden tener los resultados más desastrosos. Los inversores que, carecien-

---

* Término que hace referencia a los matemáticos que trabajan en bolsa. *(N. del T.)*

do de la prudencia necesaria, habían confiado ciegamente en las profecías de los modelos y las simulaciones vieron desaparecer su fortuna en un abrir y cerrar de ojos.

Ya mucho antes, en la década de los sesenta, hubo matemáticos que advirtieron de que las asunciones en las que reposan las predicciones financieras no son capaces de anticipar los riesgos de cracs bursátiles, infrecuentes pero potencialmente catastróficos.[7] En los años dos mil también hubo inversores prudentes que tomaron con pinzas las promesas de los autores de los modelos y se protegieron contra tales eventualidades. Pero otros quedaron deslumbrados por las espectaculares predicciones informáticas y, como consecuencia, hicieron perder a sus clientes sumas astronómicas de dinero.

La lección que cabe extraer de todo ello no es que las simulaciones no sirvan para nada, sino que contienen muchos matices y no pueden ser interpretadas literalmente. La adecuada interpretación de una simulación requiere una comprensión profunda de sus limitaciones, que a su vez tienen que ver con las simplificaciones operativas que hacen los mundos virtuales de la realidad y de su complejidad inabarcable. Cuanto mejor entendamos esas imperfecciones de partida, mejor podremos interpretar lo que la simulación nos está diciendo realmente.

Tras la debacle financiera de 2008, dos prestigiosos *quants* publicaron una suerte de juramento hipocrático para los desarrolladores de modelos predictivos: «Recordaré siempre que yo no he creado el mundo y que el mundo no se ajusta a mis ecuaciones […]. No daré falsas garantías sobre su precisión a las personas que usen mis modelos. Seré transparente con los usuarios acerca de las asunciones y puntos ciegos de dichos modelos».[8] Se trata de máximas aplicables también a las simulaciones cosmológicas.

Los riesgos económicos de simular el universo son pequeños si se comparan con los billones de dólares que hay en juego en las operaciones bursátiles. Aun así, los cosmólogos también necesitamos comprender qué aspectos de nuestras simulaciones son fiables y cuáles no. Tratamos de reconstruir una historia de la creación que sea lo suficientemente fiable para guiar con fundamento la inversión en nuevos telescopios y laboratorios, ya que todo el dinero destinado a la investigación en física fundamental debe gastarse sabiamente, maximizando la posibilidad de efectuar nuevos descubrimientos científicos.

EL LABORATORIO CÓSMICO

Las simulaciones que voy a presentar contienen algunos elementos fantásticos, como la materia y la energía oscuras, que constituyen un buen punto de partida. Se trata de sustancias exóticas que nunca han sido halladas en la Tierra y resultan invisibles para el más potente y sensible de los telescopios, pero, al mismo tiempo, parecen imprescindibles para comprender la historia del cosmos. Sin ellas, los programas informáticos no podrían generar una representación cabal del universo.

Lo absurdo de formular hipótesis partiendo de estas extrañas sustancias complica las cosas todavía más. Por un lado, nos pone en la tesitura de tener que explicar el funcionamiento de las simulaciones, de admitir sus limitaciones y de argumentar por qué, en conjunto, todavía aceptamos sus escandalosas conclusiones. Por otro lado, al aceptar la existencia de la materia y la energía oscuras, admitimos que apuntamos hacia ámbitos completamente nuevos de la física, por ahora fuera del alcance de los experimentos de laboratorio. No hay nada más emocionante para los científicos que esta clase de frontera, pues lo que impulsa nuestros esfuerzos es la esperanza de que, algún día, la humanidad conozca y comprenda los secretos de la naturaleza.

Pero las simulaciones exploran los límites del conocimiento actual también en otro aspecto, que tiene que ver con la asunción básica de la ciencia: que todo ocurre por una razón y como resultado de una cadena ininterrumpida de causas y efectos. Desde el punto de vista de una predicción meteorológica, el viento, las nubes, la lluvia, el calor o el frío no son factores que se limiten a aparecer y desaparecer, sino que existen en diferentes sistemas meteorológicos y, por tanto, pueden desplazarse a lo largo de miles de kilómetros antes de dispersarse finalmente. Esa es la razón por la que predecir con precisión el tiempo que va a hacer hoy resulta crucial para predecir el que hará mañana o dentro de unos días.

De la misma manera, el universo en su conjunto tampoco tiene un comportamiento aleatorio, sino que sigue una progresión de sucesos semejante a la de un dominó, con la diferencia de que la cadena de causas y efectos se prolonga a lo largo de unos 13.800 millones de años, la edad estimada del tiempo. Pero ¿qué ocurrió al principio del todo? ¿Qué hizo caer la primera pieza del dominó? Cuando construimos una simulación, no tenemos más remedio que partir de alguna especulación fundamentada sobre qué fue lo que puso las cosas en movimiento.

Al menos, hay algunos aspectos del origen del universo que no están sometidos a controversia. Por ejemplo, hay muchas pruebas que demuestran que el universo lleva expandiéndose desde sus inicios, y que ese proceso ha sido tan extremo que hubo un día en que la totalidad del espacio era microscópica. La expansión puede incorporarse fácilmente a las simulaciones, pero no basta para definir el punto de partida.

Los cálculos que se llevan efectuando desde los años ochenta sugieren que cualquier intento de descripción de los orígenes cósmicos tiene que recurrir a la mecánica cuántica, que, sin embargo, suele emplearse para describir fenómenos atómicos y subatómicos. Los principios de la física cuántica han sido probados con creces en los laboratorios durante más de un siglo, pero sus implicaciones son contraintuitivas. El más desconcertante ellos, el que constituye el corazón de la propia teoría, es el que afirma que nada puede ser nunca del todo cierto. Las partículas subatómicas no tienen una localización precisa dentro del átomo, sino que saltan sin cesar, de forma aparentemente azarosa, de una posición a otra.

Dado que el universo fue una vez tan diminuto, porta en su estructura la huella de estos fenómenos cuánticos. En la fase más temprana del cosmos, la materia no podía expandirse de manera uniforme porque su tendencia a saltar de un lado a otro al azar terminó por crear, por pura casualidad, algunas regiones más densas que otras. Según las simulaciones, estas diferencias accidentales actuaron como las semillas de las que surgieron todas las estructuras astronómicas que conocemos: las galaxias, estrellas y planetas que hoy, 13.800 millones de años después, podemos contemplar a nuestro alrededor.

Una de las conclusiones derivadas de este hallazgo es que el universo podría haber sido muy diferente a como es ahora. Es decir, que existe un fuerte componente de aleatoriedad en nuestra existencia, algo que personalmente encuentro muy incómodo. La mecánica cuántica que operó en nuestras condiciones iniciales da al traste con cualquier esperanza de poder predecir con precisión lo que debería haber en el cielo. Las simulaciones solo pueden especular sobre qué podría haber, en qué cantidades o en qué clase de lugares. Aun así, y a pesar de contar con un punto de partida tan débil, mostraré cómo es posible extraer conclusiones sorprendentemente consistentes acerca de nuestro universo.

Dependiendo de la perspectiva de cada uno, fenómenos como la expansión del espacio, la función crucial desempeñada por materiales invisibles o la influencia de la mecánica cuántica podrían parecer improbables. Lo que hace de la cosmología una disciplina particularmente difícil es que requiere apreciar y aceptar la otredad del cosmos. La realidad que aguarda ahí fuera no concuerda con la experiencia humana. Y esto es así por una buena razón: nuestra perspectiva está limitada por la escala, la velocidad y las circunstancias. ¿Cómo serían las cosas para nosotros si fuéramos de tamaño microscópico o galáctico? ¿Cómo sería viajar en un haz de luz? ¿Qué pasaría si cayéramos en un agujero negro?

Cuando lidiamos con todo eso, hay que estar preparados para las sorpresas. Los materiales que esculpen el espacio no son los que vemos en la Tierra. Las leyes espaciotemporales que captamos de manera intuitiva aquí dejan de ser aplicables allí. Y las distancias que manejamos desafían la comprensión humana. Incluso mirar por un telescopio puede resultar contraintuitivo: la luz que recibimos no nos habla del presente del universo, sino de su pasado. Aunque la luz viaja muy rápido, puede tardar miles de millones de años en cruzar los vastos espacios a los que nos asomamos a través de la lente. El sentido común, exquisitamente afinado por la experiencia humana, deja de ser relevante.

EL UNIVERSO EN UNA CAJA

Para comprender los orígenes de nuestra existencia, hemos de seguir su rastro adentrándonos en el espacio profundo. Y para comprender el espacio profundo —cómo este genera nuevas galaxias, estrellas y planetas, y cómo estos elementos interactúan entre sí—, necesitamos simulaciones, es decir, miniuniversos generados por ordenador. A su vez, para poder construir simulaciones e interpretar sus resultados, hace falta poseer un meticuloso conocimiento de la física.

Pero no tal y como se enseña en el colegio y en la universidad, donde se divide en temas y hay una lista de ecuaciones que memorizar y una forma correcta de resolver cada problema. Nadie puede reproducir cada partícula subatómica ni su influencia sobre las demás, por lo que la física de las simulaciones es, en el mejor de los casos, una aproximación. Es decir, se trata de un campo mucho más ambiguo, difuso y abierto al debate —más *humano*, en definitiva— que la física que se imparte en las aulas.

La física de las simulaciones tampoco tiene mucho que ver con ese futuro con el que los teóricos fantasean a veces, en el que bastará una sola ecuación para describir cada tipo de partícula y de fuerza. Tal vez algún día contemos con esa ecuación, o tal vez no. Por mucho que una suerte de teoría física definitiva como esa pudiera describir a la perfección el comportamiento de cada elemento microscópico del universo, es posible que solo tuviera un valor marginal a la hora de describir el arco narrativo completo de la creación. Lo que el simulador busca es otra cosa: comprender cómo se comporta en conjunto toda esa masa de elementos, ya sean partículas subatómicas, estrellas, nubes de gas o cualquier otro fenómeno. Del mismo modo que la observación de una hormiga aislada nos dice muy poco sobre la conducta de la colonia, el estudio de las ecuaciones abstractas que describen partículas únicas revela muy poco acerca del universo.

Las simulaciones permiten una nueva forma de comprensión al delegar en el ordenador los pesados cálculos aritméticos, lo que permite que los humanos concentren sus esfuerzos en la observación de las conexiones y relaciones que emergen de ellos. O ese es, al menos, el objetivo soñado. Para hacerlo realidad, los cosmólogos tienen que lidiar con los puntos ciegos de la física, lo que implica adentrarse en los límites del conocimiento y del poder de computación con el que contamos, así como hacer concesiones a cada paso. En la elección y la comprensión de estas concesiones radican a su vez los mayores retos y las satisfacciones más intensas de esta empresa.

La recompensa es la obtención de una visión panorámica mucho más amplia y detallada de nuestro hogar, el cosmos. Y aunque todavía queda un largo camino por recorrer para que esa visión sea completa —de hecho, puede que nunca llegue a serlo—, las simulaciones nos han enseñado mucho ya sobre la materia y la energía oscuras, los agujeros negros, las galaxias y la forma en que todos estos elementos interactúan para dar vida al universo. Superando con creces sus propios fundamentos físicos, las simulaciones han combinado la computación, la ciencia y el ingenio humano para transformar silenciosamente lo que significa ser un cosmólogo en el siglo XXI. Esta es su historia.

1

Meteorología y clima

Simular el universo al completo es una tarea difícil, así que comencemos con algo más apegado a la Tierra: el pronóstico del tiempo. En momentos inciertos como los que corren, resulta tranquilizador escuchar a un experto predecir lo que sucederá mañana o la semana que viene. Como si fueran adivinos científicos, los meteorólogos nos guían en nuestra cotidianeidad, anticipándonos cómo será el día de mañana, gracias a la ayuda de las simulaciones informáticas de la atmósfera terrestre. Y lo cierto es que dan en el clavo con mucha más frecuencia de lo que la gente cree.

Los meteorólogos no son tan diferentes de los astrónomos. En la Antigüedad, de hecho, ambas ciencias eran una sola y, para un meteorólogo (etimológicamente, «aquel que estudia el alto cielo»), los cometas y nubes que veíamos pasar sobre nuestra cabeza eran ambos materia de estudio. Más tarde, el trabajo de los físicos del siglo XVII hizo predecibles y explicables los grandiosos fenómenos astronómicos, y aclaró de paso que tenían poca conexión con el clima de nuestro planeta. El viento y las nubes, a pesar de estar mucho más cerca de nosotros, siguieron siendo obstinadamente insondables.

Pero la ausencia de progresos reales en el campo de la meteorología hasta el siglo XX no desalentó a los astrónomos en sus esfuerzos. Todo aquel que quiera realizar observaciones precisas de las estrellas y los planetas necesita comprender primero la sutilidad con que el calor y la humedad de la atmósfera curvan y distorsionan la luz. Por ejemplo, hay noches en que las estrellas permanecen relativamente estables y otras en las que parpadean, incluso si no hay nubes. La diferencia no estriba en un fenómeno astronómico, sino meteorológico, y es una mala noticia para los aficionados a observar las estrellas, ya que la posición de los cuerpos celestes se ve distorsionada y los planetas se ven borrosos. Por esa razón, antes de fijar fecha para sus observaciones, los astrónomos estudian con detenimiento las predicciones meteorológicas realizadas por los expertos en ese campo.

Quienes hemos crecido acostumbrados a ver los partes meteorológicos en la televisión, damos por sentado que predecir el tiempo es una cosa sencilla. A pesar de su cualidad monótona, sin embargo, cada parte constituye una hipótesis y cada predicción cumplida debería ser considerada un triunfo de la ciencia. En 1854, un parlamentario inglés fue ridiculizado en la Cámara de los Comunes por sugerir que el tiempo meteorológico podría llegar a conocerse con un día de antelación.[1] Hoy ya estamos habituados a conocer la predicción con una semana de adelanto, y cabe reseñar que ese avance es tan importante como el de cualquier otra revolución científica, pues la meteorología afecta a todos cuantos habitamos el planeta, supone miles de millones para la economía mundial y, literalmente, salva vidas.[2]

He señalado antes la imposibilidad de construir una simulación de la atmósfera terrestre a partir de las leyes básicas de la física, aquellas que rigen cómo operan los átomos y las moléculas individuales. En lugar de ello, las simulaciones tienen que ofrecer una visión más amplia de cómo se mueven los gases, cómo se calientan o enfrían y cómo se comprimen o expanden. Capturar factores de mayor calibre, como el viento o la temperatura, no es muy difícil. Lo problemático empieza cuando hay que abordar la infinidad de factores diminutos que, combinados, pueden afectar al resultado global. Pensemos, por ejemplo, en un árbol en un día caluroso. Como sabemos, este absorbe la luz del sol, bebe el agua de la tierra y la libera luego a la atmósfera en forma de vapor. De primeras, podría parecer que los árboles no son relevantes para elaborar un parte meteorológico, pero lo cierto es que los bosques pueden afectar profundamente al clima de su entorno al absorber la luz, alterar la evaporación y prevenir la erosión del suelo.[3] Hace ocho mil años, en la región que ahora cubre el desierto del Sáhara se producían lluvias monzónicas regulares. Es posible que la práctica de la agricultura fuera acabando paulatinamente con la vegetación autóctona, lo que contribuyó a su vez a desertificar la región al alterarse la capacidad del terreno para absorber el calor, lo que provocó un efecto descontrolado por el que un clima cada vez más seco acabó con la vegetación restante.[4] Los diseñadores de simulaciones necesitan desarrollar atajos que les permitan identificar e incluir una amplia variedad de efectos sorprendentes.

Por último, existe otro ingrediente esencial para que una simulación cumpla su función con éxito. Sin saber el tiempo que hace hoy, es imposible predecir el que hará mañana. Por sí mismas y desprovistas de esta información, las sofisticadas instrucciones que damos al ordenador son el equivalente a las reglas de un juego de mesa, puramente teóricas. Un maestro del ajedrez puede saberse todas las estrategias del manual, pero no podrá darte ningún consejo si no le informas de la situación en que se encuentra la partida. Cada nuevo paso depende siempre del inmediatamente anterior.

La causalidad fue el mayor obstáculo al que se enfrentó la meteorología hasta el siglo XIX, ya que una gran parte del problema consiste en la capacidad para recopilar toda la información necesaria para comprender la evolución del tiempo. Por esa razón, el origen de las simulaciones no está vinculado al de los ordenadores, sino a la invención de otro aparato eléctrico: el telégrafo.

Los inicios

La historia comienza en la imponente sede de la Smithsonian Institution, en Washington D. C., en la emblemática construcción de arenisca rojiza que hoy es parte del National Mall. El edificio, una obra maestra del neogótico conocida como «el castillo», tenía un aspecto mucho menos glamuroso cuando se construyó, a mediados de la década de 1850, en un terreno pantanoso y parcialmente drenado a las afueras de la ciudad. La obra había sido financiada con los fondos donados por el inglés James Smithson al Gobierno de Estados Unidos para «la promoción y la difusión del conocimiento entre los hombres». El público, sin embargo, estaba desconcertado y enojado: «Nada ha suscitado una oposición más viva —tronaba el *New York Times*—, que el costoso palacio erigido para el alojamiento del instituto. Se trata, sin ningún género de duda, de un colosal despropósito».[5]

Aquellos que lograron sobreponerse al mal humor se aventuraron, llevados por la curiosidad, a cruzar el pantano, y descubrieron en el cavernoso interior del edificio una variopinta colección de libros, fósiles, cuadros y esculturas. Lo único que había expuesto, sin embargo, era un gran mapa del este de Estados Unidos.[6] Cada mañana a las diez en punto, se recibían los partes telegrafiados por las estaciones meteorológicas de todo el país. A continuación, un asistente ilustraba el mapa con pequeños carteles cuyos colores seguían un código: negro para lluvia, verde para nieve, marrón para tiempo nuboso y blanco para cielos despejados. De este modo, el mapa ofrecía una visión general del tiempo que hacía ese día. El director del centro, Joseph Henry, asombraba a los visitantes prediciendo las tormentas antes de que llegaran a Washington, y lo hacía basándose en una observación previa: que los sistemas meteorológicos se desplazaban hacia el este desde Cincinnati.[7]

Al otro lado del Atlántico, las armadas europeas empezaron a darse cuenta de que el estudio y el registro de la meteorología podía suponer una ventaja estratégica decisiva. Una tormenta particularmente desastrosa, acaecida durante el apogeo de la guerra de Crimea, en 1854, provocó el hundimiento de al menos treinta y siete barcos británicos y franceses, destruyó campamentos y echó a perder los suministros de los ejércitos: «el pan, la carne de ternera y de cerdo, el papel…; todo mezclado en una masa mugrienta», describía un testigo del desastre.[8] Predecir la tormenta hubiera resultado de enorme ayuda.

Gran Bretaña, Francia y Holanda comenzaron a invertir seriamente en las predicciones meteorológicas.[9] Como se hacía en el Smithsonian, se reunían los partes y observaciones de zonas muy distantes del continente y se recogían en un solo mapa. En el lenguaje de los físicos, a eso se le llama «condiciones iniciales»: un resumen de la situación actual que sirve como punto de partida para predecir qué ocurrirá a continuación. Apretados en una oficina londinense, el almirante Robert FitzRoy y un grupo de asistentes trabajaban entre pilas de registros, cuadernos de bitácora y viejos mapas meteorológicos. FitzRoy sabía de primera mano que unas predicciones del tiempo fiables podían salvar vidas y, después de examinar los últimos partes disponibles, él o uno de sus asistentes transmitían sus conclusiones sobre el tiempo que haría al día siguiente a las estaciones meteorológicas costeras y a los periódicos.

Los primeros pronósticos meteorológicos publicados en prensa aparecieron en la sede londinense del *Times* en 1861. En unos pocos meses, ya eran objeto de burlas generalizadas. En una carta al periódico, uno de tantos lectores irritados se quejaba de que «nadie ha predicho nunca ni las galernas, ni las calmas ni la dirección del viento con más garantía de acierto que la posee un hombre encerrado en una mina».[10] Los editores del periódico, a su vez, parecían algo perplejos por los errores de FitzRoy y su departamento: «por mediación de la grave autoridad competente, se nos ha hecho prometer buen tiempo, mas los cielos han decidido descargar sobre nosotros una semana de nieblas y lluvias torrenciales».[11]

Esa frustración respecto a la precisión de las predicciones no suena tan diferente a la nuestra hoy en día. A todos nos ha pasado que hemos salido desprovistos de paraguas al fiarnos de la previsión del tiempo y hemos acabados empapados ese día. Pero lo cierto es que la capacidad de acierto de aquellas primeras previsiones era nefasta. El meteorólogo estadounidense Cleveland Abbe estimó en 1869 que solo un 30 por ciento de las previsiones que se hacían en Europa para el día siguiente eran correctas. Aun así, consideró ese dato lo suficientemente alentador como para poner en marcha en Estados Unidos un servicio nacional de meteorología que continuó la labor del Smithsonian y la amplió a todo el continente.[12]

Abbe estaba convencido de que el problema de FitzRoy era que poseía un conocimiento insuficiente de las condiciones iniciales. En Inglaterra, las tormentas entran por el frente atlántico, de modo que ninguna estación meteorológica podía detectarlas a tiempo. Por el contrario, en las zonas interiores de Estados Unidos, las estaciones poseían suficiente margen de anticipación gracias a la información enviada por las del resto del país. Y, según escribió, «podremos predecir con fiabilidad qué tiempo hará con uno, dos y hasta cuatro días de antelación».

LEYES NATURALES

Aunque las condiciones iniciales son vitales, no nos dicen tanto, y Abbe descubrió pronto que el problema tenía mucha más enjundia. Astrónomo de formación, su sed de conocimiento era insaciable. Un amigo suyo contaba que todas las mañanas se levantaba muy temprano para leer la *Encyclopaedia Britannica* (que tenía más de veinte volúmenes).[13] No sabemos si llegó a terminársela, pero sí sabemos que, aunque le gustaba debatir sobre filosofía, arte y literatura, la meteorología comenzó a interesarle cada vez más, hasta el punto de hacer de ella su profesión.

En 1901, había logrado reunir aquellos elementos que, a su juicio, debían sustanciar cualquier previsión meteorológica verdaderamente rigurosa.[14] Observó que sus propias predicciones hasta ese momento «apenas representan las enseñanzas directas de la propia experiencia. Se trata de generalizaciones basadas en observaciones, pero en las que las teorías físicas hasta ahora solo han sido aplicadas, si acaso, de una manera superficial. Son, por lo tanto, de naturaleza muy elemental si las comparamos con las predicciones que realizan los astrónomos».

La propuesta de Abbe para afinar las predicciones consistió en sustituir las útiles pero imperfectas asunciones populares de cómo se desplazan las tormentas por el estudio de los efectos de unos pocos principios físicos. Aunque aún quedaba casi medio siglo para la aparición de los primeros ordenadores digitales, Abbe desarrolló un método muy cercano en enfoque al de las simulaciones. En el centro de su esquema había tres ecuaciones de dinámica de fluidos. Estas no eran nuevas (son las ecuaciones de Navier-Stokes, llamadas así en honor a los dos científicos del siglo XIX que las desarrollaron), pero sí era la primera vez que a alguien se le ocurría aplicarlas de manera sistemática a la predicción meteorológica.

Cabe reseñar que aunque la palabra «fluido» puede evocar en nuestra mente un líquido (como el aceite, el petróleo o el agua), para un físico, prácticamente todo es un fluido: el aire, los glaciares, el plasma solar o el gas de las galaxias. Por lo tanto, las tres ecuaciones de Navier-Stokes describen el comportamiento de materiales que, a primera vista, parecen tener poco en común. Se conocen también, de hecho, como «leyes de la mecánica de fluidos» y, si bien no afectan a las partículas más fundamentales de la naturaleza, merecen tal estatus por lo universal de sus implicaciones. La primera ley establece que los fluidos no pueden aparecer ni desaparecer. Cuando hablamos del tiempo meteorológico, el fluido es el aire. Este es invisible a nuestros ojos, pero está ahí (hay unos veinticinco billones de billones de moléculas en un metro cúbico de aire). La mayoría de las partículas que te rodean ahora mismo permanecerán por tiempo indefinido en algún lugar de la atmósfera.*

Esta idea de conservación captura un principio esencial: el tiempo meteorológico consiste principalmente en empujar materiales de un lugar a otro del planeta. Esta noción es la que informaba las primeras predicciones meteorológicas que rastreaban las tormentas a través de los continentes, pero constituye también una revelación poderosamente universal: a escala cósmica, los vientos pueden soplar durante miles de millones de años y apilar materiales hasta generar un gigantesco ventisquero. Allí donde los vientos convergen, se forma una galaxia; allí donde divergen, permanece un colosal y yermo espacio vacío, lo que llamamos un «vacío cósmico». Explicaré más al respecto más adelante, pero, por ahora, bastará con señalar que existen grandes agujeros en nuestro universo. Sabemos, por la ley de conservación de la materia, que su existencia constituye un contrapeso necesario para los miles de millones de galaxias abigarradas que permiten a su vez la existencia de la luz y de la vida.

Como sucede a menudo con las grandes ideas, la ley de conservación es sencilla pero poderosa. Eso no quiere decir, claro está, que nos baste con ella para predecir el tiempo meteorológico o cualquier otro tipo de simulación. La segunda ecuación de Navier-Stokes describe cómo se empujan entre sí las diferentes partes de un material; en otras palabras, trata sobre fuerzas. Los presentadores del tiempo suelen hablar de la presión, que es solo otro término para hacer referencia a las colisiones que se producen a nivel microscópico. A gran escala, en los sistemas meteorológicos, las altas presiones expulsan la materia hacia fuera, mientras que las bajas tratan de absorberla. Para realizar una predicción fiable, una simulación debe tener en cuenta también otras fuerzas,

---

* En realidad, una pequeña fracción de los gases de la atmósfera puede disiparse en el espacio, ser absorbida por las plantas, depositarse en el suelo, etc. La ley no es absoluta, pero sí lo bastante fiable para ser excepcionalmente poderosa.

como la gravedad, la fuerza centrífuga y el efecto Coriolis, asociados a la rotación de la Tierra. Los efectos combinados que producen en la meteorología distan mucho de ser simples.

Para apreciar el extraño comportamiento que pueden tener las fuerzas en los fluidos, coge una hoja de papel y ponla sobre la mesa. A continuación, levántala por las dos esquinas más cercanas, manteniéndola plana y paralela a la mesa. Deja que caiga hacia abajo el borde más alejado, como hará de manera natural. Luego acércate a los labios el borde más próximo y sopla con fuerza. Verás cómo la hoja se despliega hacia arriba, estirándose. Es extraordinario, ¿no? Parecería razonable que la hoja se estirara si soplamos *debajo* del papel, pero ¿soplando *sobre* él?

Cuando el aire fluye sobre un área curvada como una hoja de papel, el ala de un avión o la superficie de la Tierra genera fuerzas que empujan en direcciones sorprendentes. Lo mismo ocurre al revés: a menudo, el viento no fluye en la dirección en que uno esperaría que lo hiciera y el aire no se desplaza directamente de las zonas de alta presión a las de baja, sino que, por influjo de la rotación de la Tierra, forma flujos circulares él también, de modo que, cuando en un mapa meteorológico vemos señalada una zona de baja presión sabemos que en ese punto el viento girará en torno al núcleo. Eso hace que las tormentas sean mucho más destructivas y duraderas de lo que lo serían de otro modo. Si el planeta no rotara, el aire fluiría directamente hacia las zonas de baja presión y las tormentas se desharían casi con la misma velocidad con que se forman.

Aun así, podemos considerarnos afortunados de que los huracanes no sean aún peores. En Júpiter existe la llamada Gran Mancha Roja, una sola tormenta del tamaño de la Tierra que existe desde hace al menos doscientos años. En una escala todavía más grande, los planetas del sistema solar llevan orbitando alrededor del Sol miles de millones de años. La fuerza gravitatoria los atrae continuamente, como si quisiera arrastrarlos al ojo de una tormenta, pero solo logra curvar su trayectoria, de modo que esta describe círculos. Las fuerzas crean movimientos curvos que deben ser cuidadosamente considerados para construir simulaciones certeras tanto del tiempo meteorológico como del universo o cualquier otro fenómeno.

Todo ese movimiento requiere energía, y ahí es donde entra en juego la tercera consideración sobre los fluidos. Ya se trate de Júpiter o de la Tierra, la mayor parte de la energía en nuestro sistema solar procede de la luz del Sol y sin ella no habría tormentas ni huracanes. Por otra parte, el astro rey también es esencial para nuestra supervivencia. Si se extinguiera mañana, la Tierra se enfriaría rápidamente y dejaría de ser habitable en apenas una o dos semanas, el tiempo que las temperaturas tardarían en desplomarse hasta unos $-240\,°C$.[15]

La energía puede suponer tanto una ayuda como un obstáculo para el desarrollo del cosmos, así como para el de la vida en el sistema solar. Los débiles destellos de luz que llegan desde las estrellas hasta los rincones más remotos del universo bastan para calentar el tenue gas exterior. Al mismo tiempo, y de manera mucho más destructiva, las explosiones de supernovas abren agujeros negros de años luz de diámetro. Pero incluso estos forman parte del gran equilibrio de energía cósmica que determina la vida de las galaxias. Por lo tanto, las tres leyes que conocía Abbe (las que atañen a la conservación de la materia, al cálculo de fuerzas y al seguimiento de los efectos constructivos y destructivos de la energía) tienen tanta importancia en los rincones más remotos del espacio como en la Tierra.

RESOLVER ECUACIONES

Aun así, una cosa era que Abbe comprendiera que las tres ecuaciones de Navier-Stokes debían ser parte esencial de la predicción meteorológica, y otra muy diferente era ponerlas en práctica. Por sí mismas, dichas ecuaciones son sucintas y elegantes: los principios relativos a la conservación, la fuerza y la energía pueden formularse usando un número bello y cerrado de símbolos. Todavía conservo el cuaderno de apuntes de la universidad en el que las copié de la pizarra por primera vez. Ocupan tan solo tres líneas ordinarias, pero resolverlas es otra historia.

En algún momento de nuestra vida, a todos nos han enseñado a resolver ecuaciones con una sola incógnita, x. En las clases más avanzadas, se añadía más de una variable desconocida, ecuaciones simultáneas en las que las letras x e y representaban las cifras que debían averiguarse. Las ecuaciones de Navier-Stokes, sin embargo, no tienen dos o tres incógnitas; se trata de ecuaciones diferenciales y pueden tener infinitas variables desconocidas.

Para comprender por qué, imagina las olas del mar rompiendo en la orilla de una playa. He ahí un escenario que puede describirse usando estas ecuaciones. Uno de los símbolos representa la velocidad del movimiento, pero no se corresponde con un solo valor, ya que el agua no se mueve uniformemente. Cada gota puede hincharse, deshacerse o salpicar de manera diferente a las demás. Aunque sigamos hablando de «resolver» ecuaciones diferenciales, no es como con una ecuación estándar, ya que los símbolos no sustituyen cada uno a un solo número.

Las soluciones consisten aquí en describir patrones de movimiento que se desarrollan a partir de un determinado escenario inicial (la ola acercándose a la orilla, o el viento que hace ese día) y extrapolan esa información para predecir qué ocurrirá a continuación. En la mayoría de los escenarios, una buena solución conllevaría una lista infinita de cifras (una para cada elemento implicado en ese complejísimo movimiento), por lo que resolver estas ecuaciones de manera satisfactoria en la práctica está fuera del alcance de los matemáticos más dotados.[16]

Visto así, podría parecer que las ecuaciones diferenciales resultan bastante impracticables, pero es posible encontrar soluciones, siempre y cuando los escenarios se simplifiquen lo suficiente, depurando el tremendo exceso de detalles. Las ecuaciones de Navier-

Stokes me mantuvieron ocupado durante todo un semestre de la carrera, durante el que tuvimos que aplicarlas a múltiples objetos de estudio: olas marinas ideales, estrellas, discos galácticos, atmósferas de exóticos planetas remotos, etc. Nuestro afable profesor se reunía con nosotros por parejas para evaluar y comentar nuestro trabajo, y yo tuve la mala suerte de que me emparejaran con el genio de la clase. Como era de esperar, el profesor se dirigía primero a mi compañero: «Lo has hecho muy bien», le decía, antes de girarse hacia mí. Empezaba: «Tú... —y hacía una pausa para buscar las palabras adecuadas—, tú, no».

No es que las ecuaciones fueran ininteligibles. Al contrario, son perfectamente lógicas y su pertinencia suele estar clara. Conectar sus principios con el movimiento de una ola que rompe tiene sentido. En primer lugar, la conservación: el hecho de que el agua no pueda desaparecer es lo que produce su característica forma ondulada (si la superficie del agua es presionada ligeramente hacia abajo en un punto, debe alzarse en otro punto cercano). En segundo lugar, las fuerzas: son ellas las que determinan la forma y el tamaño de las olas, encrespadas por el viento y, al mismo tiempo, suavizadas por la fuerza de la gravedad, que las atrae hacia abajo. Finalmente, la energía: esta es transportada desde las profundidades marinas hasta las aguas superficiales, provocando que las olas rompan en la orilla.

Lo complicado está en generar modelos ideales que sirvan para aislar, uno a uno, los aspectos simplificados de esos problemas: de qué modo un viento constante genera la formación de ondulaciones regulares, cómo se combina este con la gravedad para esculpir la forma de las olas, o por qué la energía se transporta de manera diferente en aguas profundas y en aguas superficiales. Esta clase de cuestiones simplificadas pueden resolverse en una o dos horas, ya que los movimientos generales del conjunto pueden sintetizarse en un puñado de cifras.

Pero a mí me faltaba paciencia y no estaba seguro de que mereciera la pena persistir. Los resultados tienen que interpretarse como un esquema general de cómo puede comportarse la naturaleza, por lo que cuando se hacen aproximaciones tan vastas, son solo indicativos en el mejor de los casos. Solo podemos capturar una sombra de la majestuosa complejidad del cosmos, y antes de la llegada de los ordenadores, esa era la frontera de la capacidad humana para convertir las abstractas leyes de la mecánica de fluidos en algo concreto. En retrospectiva, hoy me doy cuenta de que tendría que haberme esforzado más, pues no se trataba solo del clásico y desesperante ejercicio para estudiantes de grado; los científicos profesionales también tienen que usar este método para reducir a su esencia los problemas a los que se enfrentan. Y el proceso puede ser muy revelador, aunque no arroje resultados particularmente precisos.

Con todo, Abbe no iba en busca del conocimiento abstracto, sino de la capacidad práctica de predecir el tiempo a partir de las ecuaciones de fluidos. Pronto se dio cuenta de que no bastaba con reducir el problema a escenarios más simples e idealizados, pero, aun así, seguía convencido de que merecía la pena intentar desarrollar un método científico de predicción meteorológica (poseía un insobornable optimismo que era al mismo tiempo su mayor fortaleza y su mayor debilidad). «Rara vez se detenía a considerar obstáculos tan determinantes como la falta de tiempo o de oportunidades», decía el autor de uno de sus obituarios, y lo cierto es que muchos de sus proyectos eran irrealizables por ambiciosos.[17]

En el caso específico de la predicción meteorológica, sin embargo, su optimismo demostró estar bien fundado, y los principales meteorólogos del mundo entero empezaron a adoptar su enfoque. Menos de veinte años después de que Abbe publicara su artículo de 1901, el físico escocés Lewis Fry Richardson y su esposa, Dorothy, llevarían a cabo el primer intento de usar con conocimiento las ecuaciones de Navier-Stokes para predecir el tiempo.

SIMULACIONES SIN ORDENADOR

En la actualidad, el descomunal reto que supone resolver las ecuaciones de Navier-Stokes sin recurrir a las simplificaciones propias de los ejercicios universitarios se lleva a cabo mediante simulaciones. Si la tarea ya resulta complicada con los potentes ordenadores de que disponemos hoy, imaginemos la dificultad para los Richardson, que las resolvían con papel y lápiz. Por si eso fuera poco, Lewis Fry completó la mayor parte de los cálculos mientras servía en el frente francés de la Primera Guerra Mundial, gestionando el envío de ferris con heridos a los hospitales de campaña.

Criado en un hogar cuáquero, Lewis Fry Richardson era un pacifista acérrimo. Aun así, dejó su puesto en el Servicio Meteorológico británico para unirse a la Friends' Ambulance Unit.* Es posible que, durante sus escasos días libres, aquellos tediosos cálculos lo ayudaran a desconectar de los horrores del frente y a sentirse más cerca de casa, donde su esposa había recopilado de manera crucial los patrones iniciales de vientos y presiones en una cuadrícula similar a la del Smithsonian.[18]

El modelo de predicción en que trabajaban tardaría años en completarse, por lo que no se trataba de llevarlo a cabo en el sentido práctico, sino de probar que, en principio, era posible realizar pronósticos usando el esquema desarrollado por Abbe (y elaborado por otro meteorólogo, Vilhelm Bjerknes).[19] Antes de que la guerra los separara, los Richardson reunieron y tabularon todos los partes meteorológicos de las siete de la mañana del día 20 de mayo de 1910. El objetivo era servirse de esa información para calcular el parte a la una de la tarde del mismo día, del que ya hacía años. Como escribió Richardson, «puede que llegue el día en que los cálculos predictivos sean más rápidos que los partes, pero de momento es solo un sueño».

---

* Se trataba de un servicio voluntario de ambulancias fundado por miembros de la comunidad cuáquera. (N. del T.)

Las predicciones eran por entonces muy vagas, si bien mejoraron algo en la época de FitzRoy. El pronóstico del tiempo del *Times* para el 20 de mayo de 1910 decía para toda Inglaterra: «Viento ligero desde algún punto del este; variable, algo de lluvia, tormentas locales a intervalos regulares, aire bastante húmedo; temperatura por encima de lo normal». Los Richardson no aspiraban a realizar predicciones mucho más específicas, se contentaban con poder predecir la velocidad promedio del viento, la presión y la humedad en una región de cuarenta mil kilómetros cuadrados.

Les bastaba con eso para demostrar lo que querían: que las ecuaciones de Navier-Stokes podían competir con las predicciones humanas basadas en la experiencia y que, por lo tanto, merecía la pena seguir desarrollando esa vía. Pero en lugar de intentar simplificarlas, tal y como se enseña a los estudiantes universitarios, los Richardson hicieron justo lo contrario: desplegaron toda la complejidad oculta tras las abstracciones algebraicas, empleando para ello una serie de formularios que semejaban una monstruosa hoja de cálculo (o una declaración de la renta), atiborradas de números. Cada uno de dichos formularios incluía instrucciones precisas para realizar los cálculos (operaciones simples, como sumar o multiplicar dos números), junto a otras estipulaciones para transferir los resultados a la siguiente hoja y proseguir con nuevos cálculos.

Al cabo de este proceso, y partiendo de la cuadrícula de condiciones iniciales a las siete de la mañana, los cálculos tenían que predecir el tiempo que haría a las diez de la mañana. Usando este pronóstico como base para una nueva serie de cálculos, Richardson predijo a continuación el tiempo para la una de la tarde, llevando tres horas más lejos su pronóstico. En la jerga de las simulaciones, estaba llevando a cabo dos pasos temporales de tres horas cada uno.

Las simulaciones meteorológicas modernas realizan pasos mucho más cortos, medidos en segundos en lugar de en horas, con el objetivo de incrementar su precisión tanto como sea posible. Como consecuencia, también tienen que dar muchos más pasos para realizar pronósticos a varios días e incluso a semanas vista, incrementando así el número de cálculos mucho más allá de los que ejecutaba Richardson. Aun así, el principio esencial es el mismo, incluso con las simulaciones del universo entero: convertimos las condiciones iniciales en números y transformamos las tres ecuaciones de Navier-Stokes en un conjunto de reglas para manipular esas cifras. Cada vez que las aplicamos, completamos un paso de nuestra simulación y procedemos a repetir de nuevo todo el proceso para seguir avanzando en el tiempo.

Los ordenadores tienen la gran ventaja de que pueden realizar cálculos a gran velocidad y sin cansarse. El propio procesador de tu teléfono móvil es capaz de realizar miles de millones de operaciones aritméticas por segundo. Richardson, en cambio, tenía que hacer todos los cálculos manualmente y en sus pocos ratos libres, a pocos kilómetros del frente y usando como escritorio «un montón de heno en un frío barracón militar».[20] Allí podía seguir de forma sistemática sus propias instrucciones mientras trataba de obtener el primer método de predicción meteorológica fundado enteramente en la física. Aunque hubiera podido dedicarse a la tarea a tiempo completo, habría necesitado invertir semanas enteras de trabajo.[21]

Con todo, su prototipo de simulación resultó ser un completo fracaso. El modelo predijo que la presión del aire subiría de 963 a 1.108 milibares en un lapso de seis horas. No hacía falta comparar estos resultados con los partes de las condiciones existentes: la predicción superaba con mucho la presión atmosférica más alta registrada jamás en la Tierra, 1.084 milibares.[22] Ups.

No puedo ni imaginarme cómo afectó aquello a Richardson en sus circunstancias, pero sé bien lo que es realizar un montón de cálculos que terminan por no llevar a ninguna parte (todavía puedo escuchar en mi cabeza a mi desesperado profesor de Mecánica de fluidos). En su libro, Richardson comentaba que el resultado arrastraba «errores en los datos iniciales de los vientos». Aunque suene a excusa desesperada, el análisis moderno indica que estaba más o menos en lo cierto: si el parte de las siete de la mañana hubiese contenido información más precisa, Richardson hubiera obtenido una predicción más que razonable del tiempo que haría a la hora de comer.[23]

Parece que el traspiés no desalentó completamente a Lewis Fry Richardson, ya que después escribió un libro de texto muy técnico en el que abogaba, no del todo a ligera, por que se contrataran a decenas de miles de personas para empezar a elaborar predicciones meteorológicas usando el método numérico.[24] El escocés imaginó un gigantesco anfiteatro construido con ese fin, en el que los meteorólogos pudieran trabajar coordinados por un director situado en un púlpito central. Alrededor del anfiteatro, añadió, pensando amablemente en aquellos, debía haber «campos de deporte, casas, montañas y lagos, pues aquellos que trabajan calculando el tiempo tienen que poder respirarlo libremente».

En realidad, nada de eso fue necesario y los Richardson pudieron asistir en vida a la realización de su proyecto, pero no mediante la coordinación de humanos en un gran recinto, sino a partir de electrones zumbando frenéticamente en cajas metálicas.

ORDENADORES Y CÓDIGO

He descrito dos de los componentes de una simulación: un grupo de condiciones iniciales y un conjunto de reglas. Partiendo de las ecuaciones de Navier-Stokes, que describen el comportamiento de los flujos de aire, los Richardson desarrollaron una serie de operaciones aritméticas capaces de anticipar el futuro, prediciendo el tiempo cada vez con más precisión. Dado que las ecuaciones de Navier-Stokes llevan implícitas conceptos universales como los de fuerza y energía, el esquema puede aplicarse también a las fluctuaciones de materia a lo largo y ancho del universo.

Pero nada de esto sirve de mucho si carecemos de un método práctico para ejecutar a gran velocidad la enorme cantidad de cálculos requeridos; de una herramienta, en definitiva, que sustituya la fantasía de Lewis Fry Richardson de poner a trabajar a un grupo de genios de la aritmética, ya que los humanos somos caros, falibles y propensos a aburrirnos con los cálculos numéricos. Por eso son los ordenadores —baratos, fiables e incapaces de quejarse— los que realizan hoy las simulaciones.

El primer ordenador en el sentido moderno del término fue la máquina analítica, concebida en el siglo XIX por Charles Babbage. Un aspecto llamativo de su diseño era que, para resolver un problema, lo codificaba perforando agujeros en tarjetas de cartón. El patrón resultante indicaba qué cálculos aritméticos había que hacer y en qué orden, de modo que, a diferencia de todas las máquinas de cálculo previas en la historia, esta podía adaptarse.

Las máquinas anteriores eran sofisticadas, pero nada flexibles en este sentido. A principios del siglo XIX, un topógrafo desarrolló un dispositivo para calcular áreas terrestres: el operador trazaba el perímetro en un mapa y un dial daba de forma automática el área delimitada.[25] Anteriormente, en el siglo XVII, el matemático Blaise Pascal había desarrollado una máquina que podía sumar o restar dos números cualesquiera especificados por el usuario.[26] Incluso los antiguos griegos inventaron una máquina para predecir eclipses solares usando una serie de engranajes conectados.[27] Todas estas máquinas eran ingeniosas, pero servían a un único propósito. Babbage, por el contrario, ideó una que podía realizar cualquier cálculo deseado con tan solo cambiar las tarjetas de cartón. De haber existido en su tiempo, los Richardson podrían haber codificado sus gigantescas hojas de cálculo y haberlas introducido en la máquina analítica de Babbage para predecir el tiempo.

Por desgracia, Babbage no era un hombre muy práctico, y su combinación de perfeccionismo y arrogancia terminó por hundir el proyecto. Se peleó con el ingeniero que estaba construyendo la máquina, cambiaba una y otra vez los diseños, renunció por un enfado a su plaza de profesor en Cambridge y se granjeó la antipatía de todo el mundo. Había conseguido obtener fondos públicos para desarrollar su máquina, pero, como esta no terminaba de llegar, el primer ministro lo convocó para que explicara la falta de resultados.[28] El científico respondió con una airada diatriba sobre los errores del Gobierno.[29] Como cabía esperar, le cortaron el grifo y el proyecto cayó en el olvido.

Ada Lovelace, amiga y colaboradora de Babbage, padeció la frustración que generaba trabajar con él: «Siento tener que decir que es una de las personas más intratables, egocéntricas e inmoderadas con las que me las haya tenido que ver», escribió a su madre.[30] Aun así, Lovelace tomó muchas notas sobre el trabajo de Babbage e ideó ejemplos de cómo programar la máquina para que realizara cálculos específicos. Fue ella quien acuñó el concepto de «bucle» para designar la iteración de una misma serie de instrucciones en la que, con cada repetición, el proceso se acerca cada vez más al resultado final del cálculo, una idea que ya estaba contenida en el prototipo predictivo de los Richardson.[31] Lovelace señaló que el artilugio de Babbage podía arrojar luz sobre todo tipo de cuestiones científicas, e incluso aplicarse en el ámbito del arte para componer «elaboradas piezas musicales de carácter científico, con diverso grado de complejidad y extensión».[32]

De hecho, al afirmar que la máquina podía «facilitar la traducción de principios [científicos] a formas prácticas y explícitas», Lovelace estaba anticipando ya el concepto de simulación y, de paso, la llegada de una era en la que los ordenadores entrarían a formar parte de nuestra vida intelectual y a convertirse en algo tan natural como leer o hablar.[33] Animada por esta intuición, bromeó diciendo que se sentía «muy satisfecha con este primer retoño mío. Es un bebé realmente hermoso, y estoy segura de que crecerá hasta convertirse en un hombre poderoso y de primera categoría».[34] El vástago era su claro y visionario escrito, pero sin una máquina física que encarnara aquella visión, esta resultaba demasiado abstracta todavía para ser ampliamente comprendida.

Habría de transcurrir casi un siglo hasta que la idea de Babbage y Lovelace fuera redescubierta, reelaborada y refinada por Alan Turing. En esta ocasión, el proyecto sí logró ir más allá de la fase de diseño, en gran parte porque los avances en ingeniería eléctrica facilitaban su desarrollo. La máquina de Babbage habría precisado, para cada cálculo, que se accionara un pesado mecanismo de varillas y ruedas metálicas, mientras que la nueva computadora electrónica funcionaba con electricidad.

Junto con los progresos técnicos, que hacían el diseño más viable, los intereses militares también desempeñaron un papel fundamental en el impulso que Gran Bretaña y Estados Unidos dieron en esos años a la tecnología computacional. En 1950 se completó la primera simulación meteorológica realizada con computadora, la ENIAC (siglas de Electronic Numerical Integrator and Computer). Dicha máquina había sido construida para ayudar al Ejército estadounidense en la Segunda Guerra Mundial y desempeñó un papel crucial en el desarrollo de armas nucleares del Proyecto Manhattan. Su coste ascendió a cuatrocientos mil dólares, una suma enorme en aquel momento, pero su contribución resultó inestimable.[35]

No es casualidad que la ENIAC, enfocada al desempeño bélico, también se empleara para la predicción del tiempo. Muchos científicos, incluido el pionero de la bomba atómica John von Neumann, creían que la capacidad de calcular con precisión las condiciones atmosféricas podía traducirse en nuevas ventajas militares. Si los fenómenos meteorológicos naturales podían predecirse, razonaba Von Neumann, los efectos colaterales de una intervención humana (como fumigar aerosoles desde un avión o detonar una bomba en la atmósfera) también podrían anticiparse. «Es posible llevar a cabo los análisis necesarios para predecir los resultados, intervenir en la escala deseada y, en último término, lograr efectos fantásticos», escribió. La facultad de controlar el tiempo meteorológico podía tener consecuencias insospechadas, ya que la naturaleza interconectada de la atmósfera implica que la intervención llevada a cabo en un solo país pueda acabar produciendo efectos en todo el planeta. «Todo ello hará converger los asuntos de una nación con los de todas las demás, de manera mucho más insoslayable que la amenaza de una bomba nuclear o cualquier guerra previa conocida».[36]

En principio, una perspectiva tan inquietante debería desaconsejar toda intervención en el entorno, pero dado que era muy probable que los soviéticos estuvieran desarrollando su propia tecnología al respecto, Estados Unidos tenía que anticiparse a ellos. «Tiemblo solo de pensar en las consecuencias que tendría que los rusos fueran los primeros en descubrir un método eficaz para controlar el tiempo meteorológico», escribía por entonces con inquietud un meteorólogo del *Washington Post*.[37] Por suerte, los intentos de modificar la meteorología con fines militares solo se llevaron a cabo en una escala relativamente pequeña, nunca tuvieron demasiado éxito[38] y fueron declarados ilegales en 1978 por las Naciones Unidas.[39] Con todo, y aunque estos proyectos fueron finalmente abandonados por resultar demasiado complicados y peligrosos, empujaron a Von Neumann a dedicar un valioso tiempo de computación al estudio de las condiciones atmosféricas.[40] Tal es así que, en 1948, el científico reunió a un equipo de meteorólogos para acometer un primer objetivo: hacer predicciones atinadas con veinticuatro horas de antelación.

Como había sido el caso de Richardson, el equipo pretendía ante todo probar una hipótesis, más que producir un resultado práctico. Y, al igual que el escocés, el grupo de trabajo se apoyó en las mujeres de su entorno. Se sabe que Klara Dan von Neumann, la mujer de John, proporcionó «instrucciones sobre la técnica de codificación […] y que revisó el código final». Este constituye la espina dorsal de la simulación y son las instrucciones que se introducen en la computadora, el equivalente a las tarjetas perforadas de la máquina analítica de Babbage, y descompone la resolución de las ecuaciones en una serie de pasos aritméticos elementales.[41]

Hoy, el código está por todas partes. Cuando encendemos el ordenador, el teléfono móvil, la televisión, un rúter, una cámara digital, un coche, una lavadora, un lavaplatos, la nevera, la calefacción central, un avión, el aire acondicionado, un cohete espacial, una grabadora de vídeo, un tren, una cámara de seguridad, una tetera eléctrica, una plataforma petrolífera, una aspiradora o una cosechadora, lo más probable es que todos ellos hagan uso de uno o más códigos creados por un equipo de desarrolladores. Los ordenadores internos (puede haber más de uno) pueden estar conectados a diferentes componentes del aparato (un motor, un surtidor, una pantalla...), pero, en esencia, son similares a una ENIAC de tamaño infinitamente más pequeño.

Sin embargo, desarrollar código para estas máquinas es muy diferente a lo que era en aquellos tiempos, cuando introducir instrucciones en una computadora requería una comprensión de sus mecanismos internos. Hasta para hacer los cálculos más sencillos hacía falta conocer al detalle las capacidades de un aparato particular, de modo que la persona que introducía el código pudiera indicar cada paso de la forma en que debía llevarse a cabo la operación. Crear algo tan complejo como una simulación implica recopilar miles de instrucciones elementales, como sumar, restar, multiplicar o comparar, que deben secuenciarse y presentarse de la forma correcta, como si construyéramos un castillo de arena grano a grano. En términos generales, el desarrollo de código era una labor tediosa, propensa al error y cada vez más repetitiva a medida que avanzaba la tecnología. Introducir el cambio más sutil en una simulación o —peor aún— trasladarla a otra máquina podía llevar meses de copia, adaptación y revisión manuales.

Grace Hopper fue una de las primeras personas en abordar este problema y ofrecer una solución. Había trabajado como matemática en el Vassar College (en el estado de Nueva York), pero lo dejó en los años cuarenta para unirse a la reserva de la Marina estadounidense. En su nuevo puesto, tenía que trabajar en un oscuro sótano de la Universidad de Harvard, a puerta cerrada y custodiada por un guardia armado, programando en una temprana competidora de la ENIAC conocida como Mark I. Allí, Hopper pasó muchas horas desarrollando soluciones en código para las ecuaciones aportadas por los ingenieros navales.[42] Se trataba de una labor altamente especializada, pero tediosa y repetitiva. En un congreso de científicos informáticos celebrado en 1978 explicaba a su audiencia que «la mayoría de ustedes se quedarían atónitos si tuvieran que programar un ordenador usando el manual del Mark I».[43]

Durante la década de los cincuenta, Hopper y sus colegas dieron con la solución para ahorrarse la tediosa labor de escribir código: hacer que fuera la propia máquina la que lo escribiera. La reacción inicial a la propuesta fue de socarronería y Hopper tuvo que soportar comentarios del tipo de que eso «era totalmente imposible; que los ordenadores solo podían hacer operaciones aritméticas y no podían escribir programas porque carecían de la imaginación y la destreza de un humano».[44]

Pero Hopper no veía el problema. Si una persona podía proporcionar a la máquina instrucciones de alto nivel sin que su codificación diera lugar a ambigüedades, el ordenador podía traducirlas al detallado código en que se basaba su propio funcionamiento. De ese modo, la tarea sería más parecida a construir castillos de arena usando cubo y pala, y dejando que los granos individuales se gestionaran a sí mismos. Así, los ordenadores podrían «proporcionar un medio al alcance de todos [...], de la gente corriente y moliente que quisiera resolver determinados problemas», explicaba. La «gente corriente y moliente», lega en ingeniería informática, podríamos así concentrarnos en nuestros propios campos de especialización, sin tener que conocer los detalles precisos de cómo funcionaba una determinada máquina.

Y en eso consiste precisamente el código en la actualidad: en poder introducir en un ordenador nuestra propia información (datos e instrucciones especializados), empleando lenguajes que, por lo general, parecen una forma abreviada y estandarizada del inglés. (Según Hopper, sembró el pánico entre el equipo directivo de Remington Rand, donde entró a trabajar después de la guerra, al demostrarles que esos lenguajes informáticos, legibles por humanos, también podían basarse en el francés o el alemán. Su equipo acordó ceñirse al inglés en el futuro).[45] Hoy existe una gran variedad de lenguajes que los ordenadores son capaces de interpretar, cada uno de ellos con su nombre idiosincrático: Python, Rust, Swift, Java, Go, Scala o C++ son solo algunos de ellos. El primero que yo aprendí a manejar, siendo niño, tenía un nombre muy adecuado: Basic. Con independencia de cuál sea el dialecto particular introducido, es la propia máquina la que halla la manera de interpretarlo y de ejecutar sus instrucciones, facilitándonos la vida enormemente.

El pronóstico meteorológico de la ENIAC se publicó en 1950, un poco antes de que Hopper compartiera sus intuiciones, pero los siguientes modelos predictivos se apoyarían ya en su nueva metodología para desarrollar código, crucial también para otros avances posteriores que abordaré más adelante. Incluso cuando se expresa en un lenguaje de alto nivel, el código tiene que descomponer un problema en diferentes pasos metódicos que, en el caso de las simulaciones, implica avanzar hacia el futuro, hacia una conclusión, tal y como los Richardson habían vislumbrado. El primer parte meteorológico realizado por la ENIAC, que predecía el tiempo con veinticuatro horas de antelación, consistía en ocho pasos de tres horas de diferencia cada uno. El proceso implicaba cerca de un cuarto de millón de operaciones aritméticas individuales, algo fuera del alcance de la humanidad antes de la aparición de los ordenadores.

Los resultados fueron alentadores, ya que por fin se consiguió una predicción meteorológica que era, por lo menos, tan buena como la que podían lograr los meteorólogos humanos sin ayuda de la máquina. Cleveland Abbe murió en 1916, por lo que nunca pudo ver cumplido su sueño, pero Lewis Fry Richardson escribió al jefe de meteorólogos del proyecto para «felicitarle a él y a sus colaboradores por este gran progreso», un avance que tanto él como Dorothy consideraban «un enorme avance científico respecto al único resultado, ciertamente fallido», que ambos habían obtenido previamente.[46]

RESOLUCIÓN Y REVOLUCIÓN

La primera predicción meteorológica realizada por ordenador constituyó un logro impresionante para los versados en la materia, pero estaba lejos todavía de tener utilidad práctica, ya que requirió unas veinticuatro horas para ejecutarse. En otras palabras: la máquina invertía en su predicción el mismo margen de tiempo que pretendía anticipar.

La ENIAC, que ocupaba una sala entera, realizaba unos quinientos cálculos cada segundo. Apenas un año más tarde, la Oficina del Censo de Estados Unidos ya empleaba una máquina capaz de realizar mil novecientos cálculos por segundo. Una década más tarde, con la miniaturización de los circuitos gracias al uso de transistores, la capacidad ascendió a millones de cálculos por segundo. En la actualidad, un solo chip puede contener decenas de miles de millones de estas microscópicas calculadoras, de modo que una predicción como la que llevaba a cabo la ENIAC puede completarse en pocos microsegundos con un ordenador portátil. Pero el *hardware* de los ordenadores más potentes es el equivalente a decenas de miles de ordenadores portátiles combinados en una sola megamáquina procesadora y todopoderosa que ocupa un espacio similar al de sus antepasados.

Las simulaciones siempre sacan el máximo partido a la capacidad de estas máquinas, ya que no existe un límite obvio del poder computacional que puede aprovecharse. Para entender mejor por qué, piensa en un teléfono móvil de hace veinte años: la información en pantalla tenía un aspecto mucho más basto y granulado, porque la cuadrícula de píxeles en que se basaba era mucho más pobre que las actuales. Al reducir cada vez más el tamaño de estos e incrementar su número, las imágenes de los aparatos de hoy en día tienen una resolución mucho más alta: son incomparablemente más nítidas y ricas en detalles.

Las simulaciones informáticas —ya se trate de la atmósfera de la Tierra o de una galaxia lejana— se benefician también de este incremento de la resolución, que permite dividirlas en un número mayor de píxeles. Observa cualquier fotografía satelital de una tormenta o de una galaxia y comprueba su nivel de detalle. Amplía la imagen y verás que, dentro de los detalles, todavía se ven más detalles. Cuanta más información podamos capturar y simular, más precisos serán nuestros resultados, pero eso requiere más resolución, más píxeles y, por lo tanto, más capacidad computacional.

Los avances en este campo han permitido que, en la actualidad, cualquier persona pueda tener acceso a la previsión del tiempo para las próximas horas, con una precisión de dos o tres kilómetros. Durante los últimos veinticinco años, además, el acierto de las previsiones ha aumentado de manera espectacular. Hace cuarenta años, solo la predicción para el día siguiente resultaba fiable; hace veinte, se podía predecir con razonable acierto a tres días vista; hoy, ese margen se ha ampliado hasta los cinco días.[47] Cuando se trata de un huracán, estos progresos pueden significar la diferencia entre la vida o la muerte.[48]

Resulta tentador atribuir la salvación de todas esas vidas al incremento exponencial de la potencia de los ordenadores y su capacidad de resolución, y aunque hay algo cierto en esa conexión, no se trata solo de eso. Por un lado, la medición de las condiciones iniciales mediante la creciente flota de satélites y estaciones meteorológicas también contribuye a esa mejora. Por otro, hay que tener en cuenta que las simulaciones no consisten solo en las reglas de las que he hablado. En este ámbito existe también una dimensión oculta que suele ser la más importante tanto para los astrofísicos como para los meteorólogos. Se la conoce como «subcuadrícula», y es en este punto donde se están produciendo los mayores avances en la actualidad.

La subcuadrícula comprende todo lo que sucede dentro de cada una de las celdas de la cuadrícula general de una simulación. Sin ella, el mecanismo interno de las celdas pasaría desapercibido, ya que se asume que cada una de ellas tiene exactamente el mismo valor en lo que se refiere a las nubes, el viento, la temperatura y la presión. Los modelos de subcuadrícula son las herramientas mediante las que introducimos los detalles en un lienzo en blanco, y resultan absolutamente fundamentales. Aunque una predicción meteorológica moderna pueda dividir la Tierra en una cuadrícula formada por celdas de un par de kilómetros cuadrados cada una, basta alzar la vista al cielo durante un día húmedo y caluroso para advertir el problema: es muy probable que empiecen a formarse nubes cuyo diámetro sea muy inferior a un kilómetro.

Sin el apoyo de la subcuadrícula, estas nubes no figurarían en la simulación. Ya que, para el programa, una región solo puede estar despejada o cubierta de nubes, sin posibilidad intermedia. Como consecuencia, no solo es posible que la predicción resultante no detecte el riesgo de lluvia, sino, peor aún, que calcule mal el calor del sol que absorberá el suelo, de modo que las temperaturas que prediga sean incorrectas también. A medida que progresen, los cálculos incorrectos de temperatura generarán otros cálculos incorrectos sobre los vientos y, antes de que nos demos cuenta, la previsión entera será completamente inservible.

En un mundo con capacidad computacional ilimitada, los científicos podrían prescindir de la subcuadrícula aumentando la resolución de las celdas individuales hasta que los recuadros fuesen más pequeños que esas nubes incipientes. Tal vez los simuladores logren eso algún día, pero entonces los meteorólogos tendrán que empezar a concentrar su atención en procesos de escala aún más pequeña, hasta llegar al nivel microscópico. Ya he mencionado antes que el modo en que se forman las nubes sobre un bosque depende de la evaporación del agua contenida en los árboles. Pero eso, a su vez, viene determinado por los microscópicos poros de las hojas, los cuales se abren y se cierran mediante complejos mecanismos biológicos, dependiendo de la cantidad de luz, la temperatura, la disponibilidad de agua en el suelo, etc. Todos esos factores tienen que incluirse de alguna manera en la simulación, pero son tan diminutos comparados con cualquier cuadrícula concebible que la única opción es recurrir a la subcuadrícula. La dificultad estriba en dar con las reglas adecuadas para programarla, pues tienen que permitir al ordenador caracterizar todos esos detalles de una forma razonablemente precisa, pero manejable al mismo tiempo.

Tras su publicación, el trabajo de los Richardson fue criticado con dureza, no tanto por haber arrojado una solución evidentemente errónea, sino por ser incapaz de capturar los fenómenos pertenecientes a esa escala tan pequeña. Un profesor de la Universidad de Harvard afirmó que el método estaba condenado al fracaso desde el principio porque «en la meteorología diaria, lo que más efecto tiene son los fenómenos a pequeña escala».[49] Por si fuera poco, aseguraba también que el libro era tan difícil de entender que «acabará pronto en algún estante de biblioteca, donde lo olvidará la mayoría de quienes lo adquirieron».

Pero los Richardson habían comprendido el problema perfectamente y ya habían apuntado en su trabajo la solución de las subcuadrículas: los meteorólogos más atrevidos deberán *idear* ciertas órdenes que reproduzcan los efectos más significativos y no contemplados. Dado que las nubes pequeñas no podían ser representadas en la simulación, añadieron una nueva regla que venía a decir que «en un día cálido y húmedo, al cabo de unas pocas horas, algunos de los rayos del sol dejarán de alcanzar el suelo y podría empezar a llover». Estas reglas para la subcuadrícula difieren en carácter de las leyes de fluidos que las sustentan; su aplicación es específica y limitada, y deriva de una mezcla de experiencia, expectativa y cálculos generales más que de un razonamiento puramente formal.

Así, predecir cuándo va a llover es tarea de la subcuadrícula. Un miembro del equipo meteorológico de la ENIAC, Joseph Smagorinsky, señaló en 1955 que «a diferencia de lo que ocurre normalmente con otros factores meteorológicos como la presión, la temperatura y el viento, la precipitación a pequeña escala suele ser de una magnitud mucho mayor que aquella a gran escala».[50] En otras palabras, sin conocer hasta el último detalle de lo que sucede en la atmósfera, es extraordinariamente difícil predecir cuánto lloverá.

A pesar de ello, Smagorinsky y su equipo siguieron adelante y desarrollaron un código a partir de predicciones bien informadas sobre el volumen de lluvia que caería de media sobre cada celda de la cuadrícula. Siguiendo el consabido método de predecir el pasado, pero incluyendo datos de pluviómetros en sus comparaciones, el equipo intentó averiguar si podían hacer predicciones razonablemente acertadas. Y, en efecto, podían. Smagorinsky se esforzó en señalar que no se trataba de magia: «lo que se predice no es la estructura fina en sí misma, sino sus propiedades estadísticas». Los promedios son calculables, pero estimar con precisión los patrones de lluvia está fuera de nuestro alcance.

Cuanto más precisa y exhaustiva sea la descripción de una subcuadrícula, mejor será en general una simulación. El drenaje y la evaporación del agua, la nieve y su capacidad para reflectar el calor procedente del sol, el derretimiento de la nieve, los múltiples efectos de la vegetación, la resistencia que el terreno accidentado presenta al viento...; se pueden elaborar descripciones de todos estos fenómenos como complemento de las ecuaciones originales de dinámica de fluidos.[51] Actualmente, existe toda una industria dedicada al desarrollo y mejora de esta clase de esquemas, cada uno de los cuales está siendo evaluado para calibrar de qué modo contribuye a afinar las predicciones meteorológicas.[52]

Y los cosmólogos están embarcados en una empresa similar. Las simulaciones del universo están basadas en las leyes de la dinámica de fluidos, pero necesitan complementarse con reglas generales que tratan de pintar los detalles que faltan en el cuadro. Cuando se simulan vastas regiones del espacio exterior, incluso las estrellas y los agujeros negros son relativamente pequeños en comparación, por lo que deben incluirse en los cálculos de una manera aproximada. Estos detalles no solo son vitales por su propia existencia, sino también porque permiten construir una visión del conjunto; lo que equivale a decir que una simulación que carezca de esos ingredientes estará abocada al fracaso.

Pero la necesidad de una subcuadrícula hace añicos el sueño de un cosmólogo de construir simulaciones que partan de un puñado de leyes físicas irrefutables y concluyan con una descripción de todo el universo. Porque la subcuadrícula consiste en saltos creativos que ayudan a rellenar los espacios en blanco; es decir, se trata de algo más que de aplicar leyes establecidas: consiste en aventurar conjeturas fundadas, lo que, por otra parte, también puede poner en duda la cientificidad de las simulaciones. Aprender a distinguir qué es lo que hay de fiable en lo que nos dicen los ordenadores, a pesar de las especulaciones aplicadas a la subcuadrícula, es parte consustancial del arte de la simulación informática y hablaré de ello más adelante.

El caos climático

La precisión de las simulaciones, no obstante, cuenta con otro límite todavía más fundamental. En 1958, cuando Syukuro Manabe, un joven físico japonés, fue invitado por Smagorinsky a unirse al laboratorio de investigación del Servicio Meteorológico de Estados Unidos, la idea de predecir el estado de la atmósfera de la Tierra más allá de uno o dos días resultaba inconcebible para la mayoría de los científicos. Prever qué tiempo haría en cien años era, por supuesto, un ejercicio todavía más esotérico, pero el poderoso John von Neumann había puesto a Smagorinsky a trabajar en ese objetivo precisamente. Para él, se trataba del siguiente paso lógico en el programa de investigación para el control meteorológico, pues entendía que las intervenciones humanas serían más poderosas si se aplicaban durante largos periodos de tiempo; y para ello era preciso simular la evolución del planeta entero a años vista. poco después de contratar a Smagorinsky, Von Neumann falleció en 1957, con cincuenta y tres años, a causa de un tumor cerebral que tal vez estuviera relacionado con su exposición a la radiación durante el desarrollo de las armas nucleares estadounidenses. Pero Smagorinsky seguía queriendo entender el funcionamiento del clima, por lo que comenzó a reclutar a las mentes más brillantes del mundo en la materia.

Manabe era la persona adecuada para encargarse de las predicciones a largo plazo. Algún tiempo después, diría de sí mismo: «Conduzco muy mal; si empiezo a pensar en algo, dejo de prestar atención a las señales de tráfico».[53] Hombre modesto y de maneras suaves, Manabe trabajó en la resolución del problema durante años, mientras Smagorinsky luchaba por conseguir los recursos que precisaba para mantener los ordenadores y el personal necesarios para el proyecto.

Smagorinsky sabía que sería un desafío lograr resultados convincentes. Había colaborado con Edward Lorenz, quien se había hecho famoso por formular la pregunta «¿Puede el aleteo de una mariposa en Brasil provocar un tornado en Texas?».* Trabajando con simulaciones meteorológicas simples, Lorenz había descubierto que, al tratar de predecir el tiempo a una o dos semanas vista, obtenía resultados enormemente divergentes si alteraba lo más mínimo las condiciones iniciales (de ahí la metáfora del aleteo de la mariposa).

El tiempo es fácil de predecir para las siguientes horas si cuentas con un sistema telegráfico. Si hablamos de los siguientes días, se puede predecir con sofisticadas simulaciones, siempre y cuando

---

* Así se titulaba la conferencia que pronunció en 1972 ante la Asociación Estadounidense para el Avance de la Ciencia. En declaraciones anteriores, Lorenz había usado como ejemplo el aleteo de las gaviotas, pero, como es obvio, el sentido es el mismo.

partan de unas condiciones iniciales certeras de alta resolución y un puñado de modelos de subcuadrícula adecuados. Sin embargo, a partir de las dos semanas, la más pequeña perturbación, indetectable por completo para cualquier sistema de medición o subcuadrícula, puede generar una cadena de efecto dominó capaz de modificar radicalmente la meteorología global. A esta prodigiosa amplificación de diminutas diferencias iniciales se la conoce como «caos».

El caos es lo que impide que las previsiones meteorológicas detalladas puedan extenderse más allá de las dos semanas.[54] Pero el tiempo meteorológico y el clima no son lo mismo. Smagorinsky tenía la intuición de que, a pesar del caos, los rasgos generales del clima sí podían llegar a simularse a largo plazo. Aunque a veces es imposible predecir una tormenta particular, o una ola de calor, en un lugar y un día determinados, la tendencia a la regularidad de esos fenómenos sí puede representarse. Tiempo después, Klaus Hasselmann, quien compartió el Premio Nobel de Física de 2021 con Manabe, demostró matemáticamente que los promedios de estas variaciones podían, de hecho, predecirse.[55]

Si las comparamos con los estándares actuales, las tempranas simulaciones del clima de Manabe y Smagorinsky resultan algo rudimentarias, pero tenían la virtud de subrayar la manera en que se combinaban los elementos de una intrincada red de efectos diferentes (el equilibrio entre la entrada y salida de calor en el sistema, la circulación del aire y los océanos, las lluvias y la evaporación) para determinar el futuro a largo plazo. Manabe aseguró que contaba con «un laboratorio virtual de todo el planeta»: en lugar de contentarse con simular la atmósfera terrestre una vez, la reproducía pacientemente una y otra vez, cada una de ellas alterando diferentes factores que podrían ser importantes para la estabilidad del clima. Los resultados revelaron que doblar la cantidad de dióxido de carbono en la atmósfera podía incrementar las temperaturas en 2 °C y, por lo tanto, modificar peligrosamente los patrones climáticos.

La hipótesis de que los niveles atmosféricos de dióxido de carbono pudieran desempeñar un papel crucial en la configuración del clima había sido formulada por Eunice Foote cien años antes[56] y era bien conocida por Von Neumann,[57] pero era una cuestión difícil de verificar antes de que existieran las simulaciones detalladas. Lejos de intentar advertir a la humanidad de una crisis climática en ciernes, Manabe se sumergió inicialmente en la investigación del clima «por pura curiosidad. Creo que sucede a menudo con los grandes descubrimientos que, al inicio de las investigaciones, las personas implicadas no son conscientes de la relevancia de lo que están haciendo».

Manabe expuso las conclusiones de su investigación a finales de los años sesenta, si bien no fueron aceptadas inmediatamente porque algunos cálculos menos sofisticados habían arrojado resultados ambiguos. Una reseña de una conferencia celebrada en 1971 criticaba que «prácticamente todas las recomendaciones van orientadas a la necesidad de más mediciones y de más teoría», ya que existían muy pocos puntos de consenso.[58] Habría que esperar hasta finales de los setenta para que las predicciones sobre el calentamiento global realizadas mediante simulaciones gozaran de la aceptación general, y hasta los años dos mil para que fueran confirmadas por datos reales e inequívocos. Hoy, la realidad del cambio climático es manifiesta y la falta de consenso no es cosa de los científicos, sino de los legisladores.[59] «Comprender el cambio climático no es fácil, pero, aun así, es mucho mucho más sencillo que tratar de entender lo que pasa en la política actual», afirmó Manabe tras recibir el Premio Nobel.

La simulación informática del clima tiene también otro aspecto que entusiasmaba particularmente a Manabe: no solo pueden predecir el futuro, sino que también pueden recrear el pasado. Dos cometidos que no son tan diferentes en realidad, ya que ambos implican trabajar con asunciones sobre los niveles de dióxido de carbono y de otros gases e introducirlos en el simulador para determinar cómo afectan a la meteorología del planeta. Usando datos extraídos de los núcleos de hielo, de los anillos en los troncos de los árboles y de los fósiles es posible conocer la composición y la temperatura atmosféricas globales de miles o millones de años atrás, cuando el estado de la Tierra era muy diferente y sus temperaturas medias varios grados más altas o bajas. Ajustando la composición de atmósferas virtuales en sus simulaciones, Manabe y su equipo lograron recrear estas antiquísimas condiciones meteorológicas, probando que los cambios históricos en las temperaturas pueden entenderse como resultado de variaciones en la composición de la atmósfera.[60] La investigación sobre la historia del clima refuerza la evidencia de que las simulaciones informáticas proporcionan respuestas significativas, incluso a pesar de la enorme complejidad y el caos de nuestra atmósfera.[61]

Todo esto nos da pistas sobre cómo usan los cosmólogos las simulaciones. El universo es un lugar caótico y desordenado. Pero nuestro trabajo no consiste en reproducir con exactitud cómo ha evolucionado cada elemento. Dado lo increíblemente complicado que es predecir el tiempo que hará, es evidente que, por más que quisiéramos, no podríamos replicar el universo entero en un ordenador. Pero sí podemos representar sus principales características a grandes rasgos, al igual que los científicos climáticos pueden esbozar los patrones meteorológicos del pasado.

Del mismo modo que los fósiles nos cuentan la historia de la Tierra, la luz que recogen los telescopios constituye un registro de lo que sucedió en el universo hace mucho tiempo. Esta viaja siempre a la misma velocidad, por lo que cuando los astrónomos observan galaxias distantes, lo que están viendo corresponde a un tiempo en que el universo era un lugar muy diferente al actual. El objetivo de nuestras simulaciones cosmológicas es recrear y explicar en la medida de lo posible esos registros congelados. Pues si la historia de nuestro planeta está inscrita en la tierra y las rocas, la historia de nuestra galaxia está inscrita en el cielo.

LA TIERRA Y EL COSMOS

Ya se trate de recrear la Tierra u otro planeta, una estrella, una galaxia o el universo entero, el esquema básico de una simulación es muy similar, razón por la que he decidido empezar con la meteorología. Las simulaciones siempre parten de una serie de condiciones iniciales (el tiempo que hace hoy, una nube de materiales que se fusionan para conformar un sistema solar, o los restos del Big Bang) para, a continuación, predecir cómo evolucionarán esos fenómenos a través del tiempo. Los códigos con que funciona el ordenador están diseñados para resolver las ecuaciones de dinámica de fluidos, que describen materiales, fuerzas y energía. Pero también necesitan un modelo de subcuadrícula, es decir, esas reglas adicionales que capturan esos detalles que de otra manera el programa no consideraría: gotas de lluvia, nubes y condiciones del suelo en el caso de los meteorólogos; o estrellas, explosiones de supernovas y agujeros negros en el caso de los cosmólogos.

Las predicciones meteorológicas han mejorado notablemente durante los últimos treinta años. Uno de los primeros recuerdos que tengo es el de una famosa tormenta sucedida en el mes de octubre de 1987, la peor de la que se tiene registro en Inglaterra. Mi familia tuvo suerte de que el viento solo se llevara unas cuantas tejas, pero dieciocho personas murieron a causa del temporal. Unas horas antes de que llegara la tormenta, el hombre del tiempo de la BBC, Michael Fish, anunció a los telespectadores que solo iba a hacer «mucho viento», un error que lo persiguió durante el resto de su vida.

«¿Por qué no se nos avisó?», clamó la portada del *Daily Mail* del día siguiente.[62] El periódico parecía culpar al propio meteorólogo: «A Gwen Hanson, de ochenta y cinco años, que vive a doscientos metros del señor Fish, un olmo de doce metros le aplastó el tejado».[63] Admito que una predicción un poco más certera hubiera ayudado a la gente a prepararse mejor para lo que venía, pero parece poco probable que ese tejado hubiera podido salvarse.

La propia señora Hanson declaró al periódico: «No culpo al señor Fish personalmente», pero sus editores parecían sugerir que debía hacerlo, pues la noticia añadía: «El señor Fish y su familia, mientras tanto, estaban pasando un día de vacaciones».

Basta un desliz para que tu calle se llene de periodistas ávidos por encontrar a vecinos indignados. ¿Quién querría ser presentador del tiempo así? Los cosmólogos cometemos errores de ese tipo todo el rato y rara vez nos machacan por ello en el *Daily Mail*. Y, como Fish ha explicado en repetidas ocasiones durante las décadas posteriores, la tormenta sí fue detectada. Su avance por el Atlántico estaba siendo monitorizado, pero, por desgracia, no se contaba con la suficiente información y las proyecciones evaluaron erróneamente que la borrasca se desviaría al llegar a Francia. La razón principal del error es que no existían bastantes estaciones meteorológicas en el Atlántico para trazar su progreso como era debido. Todo el mundo esperaba que Inglaterra se librara de la peor parte.

Se trata de un error de cálculo comprensible, mucho más pequeño que el de los primeros intentos de los Richardson de predecir el tiempo, y sería imposible que se cometiera hoy, ya que contamos con muchos más satélites y estaciones meteorológicas, incluso en mitad del océano, lo que reduce mucho el trabajo de concreción de las condiciones iniciales. Además, los ordenadores que realizan las simulaciones son mucho más potentes, tienen una mayor resolución y emplean subcuadrículas mucho más refinadas para rastrear los datos a pequeña escala relativos al calor, al viento o la humedad de la atmósfera. También ha mejorado la comprensión de los meteorólogos de cómo el caos conduce a predicciones inciertas. En los años ochenta, tenían acceso a una sola simulación para cada parte. Hoy, los meteorólogos estudian decenas de simulaciones diarias, lo que les permite analizar mejor cómo podrían evolucionar las tormentas para realizar previsiones y advertencias a una semana vista mucho más certeras y que cubren incluso los escenarios más improbables.[64]

Las mejoras seguirán produciéndose, pero llegará un momento en que la previsión meteorológica alcanzará su límite, posiblemente alrededor de los diez días de previsión. El caos no permitirá nunca que el futuro pueda ser predicho al detalle, ya que nunca llegaremos saber con exactitud dónde aletean todas las mariposas de la Tierra. De manera similar, cuando se trata del universo entero, resulta imposible crear una simulación que reproduzca a la perfección, hasta el último detalle, el cielo estrellado. Con todo, los pioneros de la ciencia del clima demostraron que sí pueden predecirse los patrones generales, algo que, para los cosmólogos, supuso un empujón decisivo. Nuestro trabajo consiste en desentrañar una suerte de historia general del universo y sus componentes, no en explicar los objetos o fenómenos individuales.

Las simulaciones del cosmos son, en muchos aspectos, muy parecidas a las de la atmósfera terrestre, si bien en una escala inimaginablemente más grande. Los sistemas meteorológicos abarcan cientos de kilómetros y evolucionan en periodos de horas y días, mientras que las distancias y tiempos relativos a las galaxias son billones de veces más grandes.

La escala en sí no representa un gran problema. Si te ponen una hoja en blanco delante, puedes dibujar perfectamente el plano de una casa, de una ciudad, de un país, de la Tierra, del sistema solar o de la Vía Láctea. Pero el nivel de detalle de cada uno de ellos está estrictamente limitado; el mapa de nuestra galaxia, por ejemplo, no te dirá nada sobre la Tierra, y menos aún sobre tu casa. De modo parecido, a los ordenadores les podemos dar instrucciones para que centren sus esfuerzos en recrear la meteorología de nuestro planeta correspondiente a unos pocos días del calendario, o bien que traten de abarcar miles de millones de estrellas a lo largo de la historia completa del cosmos.

Pero existe, sin embargo, una diferencia mucho más fundamental. La atmósfera de la Tierra está constituida por un 78 por ciento de nitrógeno y un 21 por ciento de oxígeno, junto a otros gases más residuales.[65] Ninguno de estos componentes es particularmente abundante en el espacio. La mayor parte de nuestro sistema solar (unos tres cuartos del total) es hidrógeno. Y, más allá, la materia de que está compuesto el universo en su totalidad se vuelve cada vez más extraña. Existen indicios de que la gran mayoría de las sustancias que flotan ahí afuera son desconocidas para la humanidad.

De hecho, en esto consiste el punto de partida de las simulaciones cosmológicas: en trabajar con materiales que nunca han sido detectados en un laboratorio, aquellos que no brillan, que no reflejan la luz ni proyectan sombra. Materiales que, como un fantasma, atraviesan la roca más sólida. Aunque, en principio, todo esto puede sonar muy diferente a las predicciones meteorológicas, las técnicas de simulación que he presentado son las mismas que se aplican al estudio del espacio profundo. Ahora que ya hemos visto lo que se puede hacer para recrear y predecir el tiempo que hará en la Tierra, avancemos con paso firme hacia el universo y preparémonos para enfrentarnos a cualquier cosa, aunque de primeras se nos antoje delirante.

2

La materia oscura, la energía oscura
y la red cósmica

En 2003, al comienzo del tercer curso de la carrera de Física, decidí dejar atrás los laboratorios y especializarme en Astrofísica teórica. No tanto porque hubiera tenido un flechazo repentino con la astronomía, sino por el insoportable tedio que me habían producido los experimentos de física del segundo año. Si trato de recordarlos ahora, solo me viene a la cabeza un batiburrillo de láseres, lentes y complicados aparatillos electrónicos. Algunos compañeros parecían tener un talento natural para todo aquello; al cabo de un par de horas ya estaban recogiendo sus cosas y se largaban del laboratorio. Pero yo me quedaba allí encerrado hasta que se hacía de noche, incapaz de avanzar, liándome infructuosamente con algún aparato arcano.

Con el nuevo curso, me fugué al departamento de Astronomía, donde no había que hacer experimentos; al fin y al cabo, allí nadie espera de uno que se ponga a juguetear con el universo. Unas pocas semanas después, sin embargo, los pocos desertores de mi clase empezamos a preguntarnos si el aislamiento de la realidad en el que trabajábamos no sería peligroso. La mayoría de nuestros profesores creía que el 95 por ciento del universo está compuesto de dos ingredientes ocultos: la materia oscura y la energía oscura.

Estas sustancias modifican la forma en que la gravedad opera en el universo. La materia oscura añade peso a las galaxias, alterando así la forma en que rotan estas, mientras que la energía oscura acelera su expansión. Sea como sea, en ambos casos, el apelativo «oscura» resulta un término poco apropiado, ya que da a entender que estos materiales oscurecen la luz y proyectan sombra. Por el contrario, se cree que son transparentes y más escurridizos aún que el aire, también que no brillan, no reflejan la luz, no proyectan sombra ni tienen ningún otro efecto directo sobre la luz.

El aire es por lo menos fácil de atrapar y de estudiar. Cuando era niño, tenía un cubo de plástico grande donde guardaba mis juguetes para la bañera. Me encantaba darle la vuelta y sumergirlo, atrapando el aire, para luego dejar que las burbujas se fueran escapando poco a poco hacia arriba. A veces incluso usaba otro contenedor invertido para atrapar las burbujas a medida que ascendían a la superficie, como si estuviera aprendiendo a verter una realidad en otra paralela e invertida. Sin duda, algunos experimentos son más divertidos que otros.

Pero con la materia y la energía oscuras no se puede hacer nada de eso. Ningún experimento de laboratorio ha podido probar su existencia todavía y, por lo que parece, no pueden atraparse dentro de ningún contenedor. Tal vez sea posible construir algún aparato que proporcione una vía de entrada a su extraño mundo, pero, hasta ahora, los físicos solo tienen ideas muy vagas de cómo intentarlo. De modo que, en 2003, los estudiantes de mi clase empezábamos a dudar si había sido buena idea lo de desertar de Física para pasarnos a Astronomía. Aquello de que fueran dos sustancias invisibles e intangibles las que sostuvieran todo el tinglado no tenía muy buena pinta.

En *Los cuentos bien contados*, Rudyard Kipling daba explicaciones disparatadas a hechos enigmáticos del mundo real. Así, las ballenas solo pueden comer krill porque un marinero molesto por haber sido devorado les había colocado una rejilla en la boca. Los camellos, explicaba el libro, tienen jorobas porque un genio al que jorobaba la ociosidad de dichos animales los castigó de esta desconcertante manera. La piel de los rinocerontes está tan arrugada porque un cocinero al que habían robado un pastel la llenó de migas. Las galaxias giran tan sorprendentemente rápido porque están atiborradas de la invisible materia oscura (Kipling no escribió esta última, pero, al principio del curso, nos parecía que bien podría haberlo hecho).

Los cuentos de hadas nunca deben interpretarse literalmente. Pero de las teorías científicas sí cabe esperar que digan algo, si no del todo literal, sí al menos lo más relacionado posible con la realidad. Se permite que estén basadas en el pensamiento creativo, pero su poder explicativo tiene que trascender la pura conjuración de un problema. Idealmente, también han de implicar una suerte de apuesta: especifican algunas consecuencias de la hipótesis teórica propuesta que pueden verificarse.

La materia y la energía oscuras constituyen, de hecho, hipótesis científicas serias en ese sentido. Uno solo comienza a apreciarlas verdaderamente al ver el amplio espectro de fenómenos cósmicos que explican, muchos de los cuales fueron predichos antes de que se pudieran realizar las observaciones astronómicas pertinentes. En los años ochenta y noventa, las simulaciones desempeñaron una función esencial en estos esfuerzos, al tiempo que los mapeos informatizados del cielo permitieron empezar a catalogar los componentes del universo de manera sistemática. La complementariedad entre estas dos ramas de la investigación es asombrosamente eficaz, siempre y cuando la materia y la energía oscuras estén presentes en las simulaciones para recrear el universo de la manera adecuada. Con todo, que te cuenten esto en una conferencia es muy diferente a comprobarlo por ti mismo. Visto desde los años veinte del presente siglo, resulta impresionante cómo estas teorías, que surgieron a finales del siglo XIX, combinadas con las simulaciones actuales, siguen explicando nuevas observaciones año tras año. Por eso están tan por encima de las explicaciones que Kipling imaginaba en sus cuentos.

En los capítulos siguientes, haré varias referencias a la acumulación de pruebas sobre la existencia de la materia y la energía oscuras. Gracias a la ayuda de las simulaciones, hemos conseguido desarrollar un conjunto coherente de explicaciones para fenómenos aparentemente muy distintos: los tamaños y formas de las galaxias; el modo en que estas giran, se mueven y se transforman con el tiempo; la cambiante tasa de expansión del universo; nuestros conocimientos relativos a los momentos iniciales del cosmos; y la forma en que se organiza todo hoy, una gigantesca red que domina el universo entero. Son muchas explicaciones convincentes a cambio de un par de actos de fe.

Aun así, es frustrante que las pruebas que tenemos de su existencia sean todavía indirectas, a pesar de los esfuerzos continuados por hallar la materia oscura en un laboratorio. La espera para obtener una confirmación irrefutable de que estas oscuras sustancias son tan reales como los materiales que nos rodean y conocemos bien puede ser larga. Entretanto, un poco de perspectiva histórica nos ayudará a convencernos de que no es que todos los astrónomos hayan sucumbido de repente a una especie de delirio colectivo.

INVENTAR LA NATURALEZA

Los orígenes de la noción de materia oscura se remontan a 1846 y al descubrimiento del planeta Neptuno. Demasiado distante para ser distinguido a simple vista, Neptuno no figuraba en los modelos clásicos del sistema solar. Incluso después de la invención de los telescopios, todas las observaciones habían sido incapaces de detectarlo, o bien lo habían identificado erróneamente. A mediados del siglo XIX, sin embargo, varios astrónomos empezaron a sospechar que en el sistema solar podía haber otro planeta más.

Esta intuición se basaba en la trayectoria observada de Urano. Los planetas orbitan alrededor del Sol debido a la gran fuerza gravitatoria de este, pero la trayectoria que siguen se ve sutilmente afectada por la presencia de otros planetas. Aquí, en la Tierra, la influencia que ejercen los más grandes (Júpiter y Saturno) modifica nuestra órbita a lo largo de periodos de decenas de miles de años, lo que explica la ocurrencia regular de glaciaciones.[1]

Con la ayuda de mediciones astronómicas precisas, en el siglo XIX se hizo evidente que Urano se estaba desviando de su curso, aun teniendo en cuenta el influjo de todos los planetas restantes conocidos. Durante las dos primeras décadas, el astro cruzaba el cielo demasiado rápido y, en 1822, su avance, por el contrario, era demasiado lento. Dos científicos, Urbain Le Verrier y John Couch Adams, conjeturaron cada uno por su parte que la única explicación razonable es que existiera otro planeta, enorme pero desconocido, que estuviera perturbando la gravedad, empujando a Urano hacia delante y hacia atrás. Ambos llegaron a calcular la presunta ubicación de ese supuesto y desconocido planeta. Lo único que quedaba por hacer era encontrarlo de verdad usando un telescopio lo suficientemente potente.

Adams, por entonces un joven y tímido estudiante, no era la persona más adecuada para convencer al Observatorio de Cambridge de llevar a cabo una búsqueda seria. La demostración deductiva de la presencia en el cielo nocturno de un planeta nunca antes visto requería de complejísimos cálculos que Adams no supo desarrollar particularmente bien. No logró responder a las preguntas que le formuló en una carta el director del observatorio, de modo que nadie estuvo muy dispuesto a dedicar a esa búsqueda su valioso tiempo. Solo cuando se supo que Le Verrier estaba tras la misma pista, se llegó a hacer un intento, no muy concienzudo, de hallar el planeta. Pero no hubo éxito.

En cuanto a Le Verrier, a pesar de ser de extrema contundencia en la defensa de su intuición, tampoco logró persuadir a sus colegas del Observatorio de París de que la búsqueda del planeta oculto merecía la pena. De hecho, es probable que lo único que consiguiera fuese enojarlos y enemistarse con ellos. Irascible y pagado de sí mismo, Le Verrier solía coger su violín cada vez que se topaba con problemas en sus cálculos y, llevado por un impulso febril, se ponía a tocar a cualquier hora del día o de la noche.[2] Su persistencia sería, de todos modos, decisiva para la creación del Servicio Meteorológico francés; en la línea de lo que FitzRoy estaba haciendo en Gran Bretaña, si bien Le Verrier terminaría despidiendo a todos los meteorólogos del centro porque no se entendía con ellos.[3] En palabras de uno de sus supuestos amigos: «el observatorio es imposible sin él y mucho más imposible con él».[4]

Aun así, las predicciones de Le Verrier y Adams sobre el nuevo planeta no fueron confirmadas por los observatorios de Cambridge o París, sino por astrónomos berlineses, el 24 de septiembre de 1846, después de que estos recibieran una carta desesperada del francés diciéndoles hacia dónde tenían que apuntar sus telescopios. En cierto sentido, Neptuno fue un prototipo de la materia oscura: algo que nunca había sido visto, pero que afectaba a lo que sucedía en el resto del cielo. Con el telescopio adecuado apuntando en la dirección correcta, no costó determinar que Neptuno era tan real como cualquier otro planeta, aunque algo más lejano y, por lo tanto, más difícil de detectar.

También en la historia de la física aplicada a la escala microscópica encontramos especulaciones sobre la existencia de algo para tratar de rellenar huecos incómodos. En 1930, Wolfgang Pauli, uno de los físicos más importantes de todos los tiempos, se inventó un nuevo tipo de partícula, el neutrino, sin contar con una sola prueba experimental directa de su existencia. El austriaco sentía, de hecho, muy poca atracción por los laboratorios, pues era notablemente torpe y sus colegas llegaban a quejarse de que bastaba con su sola presencia en la habitación para que los aparatos comenzaran a fallar de forma incomprensible.[5] Desde el refugio de su despacho, Pauli se dedicaba a leer experimentos ajenos, mientras forcejeaba con los fundamentos de la física del siglo xx, balanceándose peligrosamente en la silla mientras pensaba.[6]

Pauli estaba desconcertado por los experimentos que mostraban una pérdida injustificada de energía durante la desintegración radioactiva, algo que violaba la muy venerada ley de conservación de la energía. Escribió a sus colegas que había «hallado un remedio desesperado», que consistía en imaginar una nueva partícula que robaba la energía y se las apañaba de algún modo para evadir los detectores de los experimentos.[7] Lo que más tarde se bautizaría con el nombre de «neutrino» fue finalmente descubierto en un experimento sofisticado y muy sensible llevado a cabo en 1956, veintiséis años después de que Pauli formulara su especulación teórica. Y eso no es nada comparado con el bosón de Higgs —otra invención, teorizada por primera vez en 1964—, que solo pudo ser hallado por un equipo de físicos con ayuda del Gran Colisionador de Hadrones de la Organización Europea para la Investigación Nuclear en 2012, cuarenta y ocho años más tarde. La paciencia es la madre de la ciencia.

La física y la astronomía avanzan gracias a la interacción de los experimentos, la observación, el cálculo y la pura invención. Imaginar Neptunos, neutrinos y bosones de Higgs no tendría sentido si no se realizaran cálculos rigurosos de sus efectos probables y, a continuación, experimentos y observaciones que confirmen esos efectos. Nuestra comprensión de la materia y la energía oscuras, a pesar del misterio en que ambas siguen envueltas, también ha progresado a través de esas fases.

INGREDIENTES DE UNA GALAXIA

En el caso de la materia oscura, la hipótesis de su existencia parte de la apreciación de que el universo está en continuo movimiento, algo que fascinaba a la astrónoma Vera Rubin. En la tesina de su máster, en 1950, formuló una pregunta audaz: ¿existe alguna prueba de que el universo gira? La respuesta resultó ser «aparentemente, no»; los objetos individuales giran, pero las observaciones de Rubin no demostraban que el universo entero rotara. La sola formulación de la pregunta ya resultaba controvertida, ya que los cosmólogos de su tiempo no lograban concebir cómo un giro de semejante escala podía ser siquiera factible, por lo que consideraban evidente que la respuesta sería negativa. Ninguna revista académica se avino a publicar el estudio observacional de Rubin.[8]

Más adelante en su carrera, la astrónoma se aficionó a cuestionar posturas conservadoras. Se las apañó para que le dejaran trabajar en el puntero Observatorio Palomar, donde, técnicamente, no se admitían mujeres. El veto se justificaba aduciendo que no había baño de señoras, así que Rubin solucionó el asunto dibujando un monigote con falda y pegándolo en la puerta del servicio de hombres.[9] En el momento de escribir su trabajo sobre la rotación del universo, sin embargo, todavía era estudiante y decidió cortar por lo sano: «Lo acalorado de la discusión arruinó la diversión. Hubo gente que fue realmente desagradable conmigo […]. Para lidiar con la situación tuve que largarme y ponerme a trabajar en algo del todo diferente», contaría años después.[10]

Rubin siguió interesada en la rotación del universo, pero enfocó sus esfuerzos a estudiar cómo giraban las galaxias individuales, un tema menos controvertido. De hecho, incluso las estrellas más conocidas, que nos parecen formar constelaciones fijas y mantener su posición relativa entre ellas, se mueven extraordinariamente rápido: pertenecen, como el Sol, a la galaxia de la Vía Láctea, que gira a una velocidad de cientos de kilómetros por segundo.

Detectar este movimiento no es fácil porque, a pesar de su inmensa velocidad, las distancias implicadas también son enormes. Como consecuencia, las estrellas apenas parecen moverse en el cielo, y para detectar la rotación de galaxias enteras, los astrónomos tienen que servirse del efecto Doppler. Conocido popularmente por ser el fenómeno que explica por qué cambia el tono de la sirena de una ambulancia al desplazarse esta, el efecto Doppler también explica por qué cambia el color de las estrellas cuando se acercan o se alejan de nosotros a toda velocidad. Con la tecnología adecuada, los colores de la luz de una galaxia pueden descomponerse en un espectro y ser medidos, lo que a su vez permite inferir el movimiento general de las estrellas pertenecientes a dicha galaxia.

Gracias a eso, se sabía desde principios del siglo pasado que las galaxias giran, de manera parecida a como lo hacen, en una escala más pequeña, los planetas del sistema solar alrededor del Sol. La velocidad del movimiento planetario, no obstante, se reduce de manera uniforme a medida que un astro se aleja del centro. La Tierra orbita alrededor del Sol a una velocidad de treinta kilómetros por segundo, mientras que Plutón, mucho más alejado del centro, lo hace a cinco kilómetros por segundo. Esto es una consecuencia natural de la gravedad: a mayores distancias, la fuerza se debilita y los cuerpos celestes en órbita se mueven con más lentitud.

Esta ralentización asociada a la distancia debería ser aplicable también a los movimientos que se producen dentro de las galaxias. La mayoría de las estrellas de una galaxia típica suele apiñarse cerca del centro, pero aquellas que se encuentran más alejadas deberían, como Plutón, verse menos afectadas por la gravedad y, por lo tanto, desplazarse más despacio. Sin embargo, durante los años sesenta y setenta, Rubin estudió diversas galaxias y elaboró un espectro para cada una de ellas que le permitió medir la velocidad de las estrellas más alejadas del centro. Los resultados demostraron sin lugar a dudas que estas se movían increíblemente rápido. De hecho, se desplazaban tan deprisa que lo previsible hubiera sido que salieran despedidas hacia el abismo que se abría más allá de los bordes de la galaxia, como un coche que entra demasiado rápido en una curva y se sale de la carretera.

Tenía que haber algo que causara esa veloz rotación y que, al mismo tiempo, impidiera que las galaxias se desintegraran. Y, al igual que había sucedido con los misteriosos movimientos de Urano, la solución más sencilla al misterio era atribuir esos comportamientos a la fuerza gravitatoria ejercida por algún objeto no detectado todavía. En lugar de concentrarse en un solo nuevo planeta, sin embargo, la masa causante de aquella fuerza tenía que estar distribuida por cada galaxia y, muy especialmente, en las remotas zonas exteriores. Esta sustancia adicional fue bautizada como «materia oscura», y debía quintuplicar en masa, más o menos, a la materia normal para evitar que las estrellas se salieran de su trayectoria galáctica.

Rubin fue pionera a la hora de obtener pruebas, en los años setenta, de la existencia de la materia oscura y logró convencer a una parte considerable de la comunidad astronómica de que se tomaran la cuestión en serio. Un puñado de investigadores habían encontrado, ya a principios de siglo, indicios de esta sustancia y habían intentado buscar una explicación al hecho de que fuera tan difícil observarla directamente. En 1904, el reputado físico lord Kelvin aventuró la hipótesis de que «es probable que muchas estrellas, tal vez la gran mayoría de ellas, sean cuerpos oscuros».[11] En 1930, el astrónomo sueco Knut Lundmark especuló a su vez con que «las estrellas muertas, las nubes oscuras, los meteoritos, los cometas y demás» pudieran aumentar significativamente la masa de las galaxias.[12] En esa misma década, el astrónomo suizo Fritz Zwicky refirió haber descubierto indicios de la existencia de lo que llamó precisamente *dunkle Materie* y que él juzgaba que podía estar formada por volutas de gas o estrellas frías, que emiten poca luz.[13]

Desde una perspectiva moderna, ninguna de estas ideas puede ser correcta. En gran parte porque, dada la ubicuidad de la materia oscura, la mayoría de los cosmólogos están bastante convencidos de que esta sustancia tiene que estar formada por alguna clase de partícula; un poco como los protones, neutrones y electrones que conforman el mundo material que nos rodea, pero, por alguna razón, muy difícil de detectar directamente, como sucedía con el neutrino de Pauli. Se está llevando a cabo una gran variedad de experimentos en la Tierra para intentar hallar qué clase de partículas adicionales puede proporcionar la naturaleza, si bien hasta ahora sin éxito. Es comprensible, por tanto, que los estudiantes de Física sigan siendo tan escépticos al respecto como éramos nosotros en 2003.

La propia Rubin mostró su preocupación por la falta de progresos: «Cuanto más tiempo pasa sin que logremos una confirmación observacional directa, más empiezo a preguntarme si la explicación es todavía más compleja de lo que creemos en la actualidad», escribió pocos años antes de fallecer, en 2016.[14] Hasta los cosmólogos más optimistas admitirán que, por sí sola, la imprevista rotación de las galaxias difícilmente justifica la invención de una nueva partícula. Por otra parte, los años setenta supusieron la aparición de las simulaciones informáticas del universo y, en los ochenta, estas ampliaron las pruebas de la existencia de la materia oscura, tanto a la escala de galaxias individuales como del universo en su totalidad. Solo comprendiendo estas simulaciones puede uno empezar a vislumbrar la potencia que la materia oscura tiene como concepto.

KICKS Y DRIFTS

La idea de las simulaciones consiste en aplicar las leyes de la física para hacer una predicción científica. Hasta ahora, he descrito en líneas generales cómo funcionan en el caso de las predicciones meteorológicas y climáticas de nuestro planeta. Las simulaciones cosmológicas, en cambio, en lugar de predecir los ciclos del aire y la humedad en la atmósfera, se ocupan de estudiar cómo se mueven las estrellas y otros cuerpos celestes, tanto en el interior de las galaxias como en el universo en general. Pero ¿cómo podemos pedir a un ordenador que prediga el comportamiento de la materia oscura cuando ni siquiera sabemos lo que es? ¿Qué leyes físicas podemos introducir en el programa como punto de partida?

La respuesta está en el rasgo definitorio de la propia materia oscura: se trata de una sustancia que se hace notar a través de la gravedad. Por suerte, hasta donde sabemos, y a diferencia de otras fuerzas, la gravedad afecta a todos los cuerpos de la misma manera. Un imán de nevera, por ejemplo, solo se adhiere a determinadas superficies, pero la gravedad es menos quisquillosa y, si se le da la oportunidad, lo tirará todo al suelo con gran estrépito. Sea lo que sea la materia oscura, tenemos buenas razones para pensar que ejercerá la fuerza gravitatoria y responderá a ella como cualquier otro cuerpo. Para poner las cosas todavía más fáciles, es justo suponer también que, al igual que el neutrino, la materia oscura es prácticamente ajena a cualquier otra fuerza. Esta es la única razón por la cual se entendería que se comporte de manera tan distinta a la materia normal, que, debido al electromagnetismo, se fusiona en átomos y moléculas reconocibles. Si los neutrinos o la materia oscura se vieran afectados por estas fuerzas no gravitatorias, serían otros componentes más del familiar mundo material que nos rodea.

Dado que la gravedad es una fuerza universal, sus efectos pueden reproducirse con relativa independencia del tipo de materia con que se trabaje. La primera simulación llevada a cabo para estudiar la profunda influencia de la gravedad en las galaxias fue desarrollada por Erik Holmberg durante la Segunda Guerra Mundial, mucho antes de que la noción de materia oscura fuera tomada en serio.[15] Al igual que los Richardson y su predicción meteorológica, Holmberg no utilizó ningún ordenador para su simulación. Pero tampoco resolvió el problema con lápiz y papel. Basta con aproximarse a su trabajo para descubrir enseguida que era un amante de la tecnología. Solía emplear sus propios aparatos, complejos e ingeniosos, para abordar problemas mucho más avanzados que los que estudiaban otros astrónomos de su tiempo. Entre estos dispositivos destacan en particular unos electrónicos muy sensibles para la medición de la luz, conocidos como fotómetros, con los que se podía escanear fotografías de galaxias y convertir las imágenes en datos matemáticos precisos para su posterior estudio. Tras realizar una serie de pruebas elaboradas en las que hizo competir a sus máquinas con astrónomos expertos a la hora de analizar imágenes de galaxias, Holmberg concluyó que «la superioridad del fotómetro sobre el ojo humano es manifiesta».[16]

El sueco comenzó a desarrollar su simulación al darse cuenta de que un fotómetro, en principio una herramienta de medición, podía convertirse en un instrumento de cálculo y de predicción. Estos dispositivos eran por entonces un invento reciente y de apariencia modesta: unos pocos centímetros cuadrados de cobre montados sobre un soporte de madera.[17] El cobre, sin embargo, ocultaba una capa interna de material semiconductor, el mismo que poco después permitiría la aparición de los transistores y la revolución informática. Esta disposición genera una corriente eléctrica a partir de la luz, la intensidad de la cual se puede leer a través de la aguja de un medidor eléctrico.

No resultaba ni mucho menos obvio, a primera vista, que esa clase de tecnología pudiera ayudar a simular la función de la gravedad en el universo. Pero Holmberg se percató de que la luz y la gravedad son, hasta cierto punto, intercambiables: la fuerza gravitatoria que ejerce cualquier masa sobre nosotros decrece a medida que nos alejamos de ella, de forma matemáticamente idéntica a como mengua la intensidad de la luz si nos alejamos de su fuente.

En 1941, Holmberg se encerró durante varias semanas en un oscuro laboratorio y construyó un modelo a escala —de unos pocos metros— de dos galaxias. Varias bombillas hacían las veces de estrellas y, midiendo la intensidad variable de su luz, pudo determinar las fuerzas gravitatorias resultantes. Holmberg no podía replicar los miles de millones de estrellas que contiene una galaxia real, pero le bastó con setenta y cuatro bombillas para responder a una sola cuestión crucial: si la gravedad podía aproximar ambas galaxias (de treinta y siete bombillas cada una) hasta hacer que se fundieran en una sola. Su experimento era enormemente imaginativo y revolucionario, pero permaneció en el olvido durante treinta años. Algunas ideas se adelantan demasiado a su tiempo.

El experimento consistía en tres pasos diferentes, análogos a los que las predicciones meteorológicas usan para proyectarse en el tiempo. En él, cada bombilla ocupaba una posición de partida y Holmberg tabuló por escrito sus respectivas velocidades y direcciones. No se trataba de que las tablas indicaran la velocidad del propio dispositivo experimental, ya que las bombillas no tenían la menor intención de moverse del sitio, sino de registrar el movimiento en el escenario intergaláctico que él estaba intentando recrear, en el que dos galaxias se aproximan una a otra a gran velocidad.

Para imitar los efectos de ese movimiento, Holmberg comenzó dirigiendo manualmente cada bombilla a lo largo de la dirección estipulada por la distancia que viajaría en un millón de años (ajustada a la escala de su maqueta). Este método se conoce en inglés como *drift step*, algo así como «paso de deriva», y sigue siendo una parte clave de las simulaciones modernas. Se basa en que las estrellas u otros componentes de la simulación se desplazan a una velocidad y con una dirección fijas.

Pero eso es solo la mitad de la historia, porque la fuerza de la gravedad afecta gradualmente al movimiento de las estrellas. Tras el *drift*, por lo tanto, Holmberg se puso a recalcular su tabla de movimientos. Para ello, midió la intensidad de la luz en el emplazamiento de cada bombilla, lo que a su vez le daba información sobre la fuerza gravitatoria ejercida implícitamente por las otras y le permitía actualizar la tabla. Esta operación se conoce a su vez como *kick step* y se funda en la noción de que las estrellas son impulsadas a una nueva trayectoria por efecto de las fuerzas gravitatorias. Una vez hubo completado estos dos pasos, Holmberg inició de nuevo todo el proceso: *drift-kick, drift-kick, drift-kick*, avanzando en su simulación un millón de años con cada nuevo ciclo de cálculos.

En las galaxias reales, no hay separación entre *kicks* y *drifts*, sino que las fuerzas que intervienen modifican gradualmente la trayectoria de las estrellas, de modo que esta forma una curva. La separación, introducida de forma artificial por estos cálculos, reemplaza dicha curva por una serie de líneas rectas, pero si los pasos son lo suficientemente pequeños, la aproximación que se logra es excelente. La simulación del tiempo meteorológico se basa en la misma idea: el cambio de la atmósfera es continuo y gradual, y es calculado por aproximación con un ordenador mediante una serie de saltos en el tiempo.

Dado lo extremadamente laborioso del proceso (tomar medidas, actualizar la tabla, recolocar con cuidado setenta y cuatro bombillas individuales a mano, y después repetirlo todo una y otra vez), merece la pena detenerse a pensar por qué Holmberg estaba dispuesto a invertir todo ese esfuerzo. Incluso si dejamos a un lado las fases de diseño y de construcción del experimento, solo ejecutar la simulación tuvo que ser una tarea fatigosa e interminable. Aunque tal vez parte del atractivo del proceso radicara precisamente en eso. En una carta a su colega el astrónomo Herbert Rood, Holmberg explicaba que uno encontraba «gran satisfacción cuando podía manejarlo todo por sí mismo».

Lo que hace valioso el método es que permitía llegar a una conclusión que no podía obtenerse por otros medios. Sin el equipo de Holmberg, determinar la forma en que una sola estrella es arrastrada por la masa de las demás habría requerido setenta y tres minuciosos cálculos por separado. A su vez, estimar la atracción ejercida sobre cada estrella individual por cada una de las restantes habría elevado la cifra de cálculos necesarios a varios miles. Holmberg habría tenido que repetir esta ingente labor en cada una de las varias docenas de saltos temporales del proceso. En total, los cálculos implicados le hubieran llevado toda una vida, de modo que, a efectos prácticos, se trataba de una tarea imposible. Por el contrario, la simulación construida con bombillas, aunque también comportaba mucho trabajo, le permitió responder una pregunta que nadie más podía.

Al concluir la simulación, había reunido suficientes datos para demostrar que las dos galaxias estaban en proceso de fundirse en una, en lugar de limitarse a cruzarse en sus respectivas trayectorias. Holmberg no contaba con los recursos necesarios para llevar más lejos su investigación, pero sí advirtió la aparición de unos brazos en espiral en sus galaxias. Y este es su rasgo más llamativo: esas bellas y suaves intensificaciones de la luz que semejan arabescos de leche en el café galáctico. Hoy tenemos gran cantidad de pruebas, procedentes tanto de observaciones como de simulaciones, de que las galaxias se fusionan, lo que constituye una de las formas en que pueden crearse esas estructuras espirales. Las conclusiones de Holmberg anticiparon nuestra comprensión moderna del fenómeno.

Pero no se trata solo del resultado. También su método presagió las simulaciones actuales de las galaxias y, específicamente, las de la materia oscura.

SIMULAR LO DESCONOCIDO

Se pueden extraer varias lecciones del experimento de Holmberg. En primer lugar, y de manera similar a como sucedía con las predicciones meteorológicas, no es estrictamente necesario contar con un ordenador para realizar una simulación. Asimismo, y lo que es igual de importante, tampoco hace falta ser demasiado preciso en lo que atañe a lo que representa la simulación: si sustituir estrellas por bombillas nos parece natural es solo porque nos podemos hacer una imagen mental de una constelación parpadeando en el interior de un laboratorio a oscuras.

Las bombillas podrían haber pasado por estrellas para un observador casual, pero setenta y cuatro de ellas es un número ridículamente pequeño si tenemos en cuenta la media de estrellas con que cuenta una galaxia. De hecho, cada bombilla en el experimento de Holmberg equivalía a miles de millones de estrellas. El truco aquí es parecido al de las encuestas electorales: si quieres saber quién va a ganar, no necesitas saber qué va a votar cada persona, basta con preguntar a una pequeña fracción del electorado y proyectar cuidadosamente los resultados. De manera similar, setenta y cuatro bombillas pueden servir para representar el efecto gravitatorio de cientos de miles de millones de estrellas.

De nuevo, esta diferencia respecto de una reproducción exacta de la realidad es un reflejo de las simulaciones meteorológicas, que recrean el comportamiento de grandes masas de gas en lugar de rastrear cada molécula de la atmósfera. La abstracción de Holmberg puede llevarse aún más lejos: la analogía no se basa en si la masa de las galaxias está formada por estrellas o por otra cosa, sino que captura cómo fluye la materia a través del universo, con el único supuesto de que la gravedad es la fuerza en juego más importante. Centrarse exclusivamente en ella no tendría sentido en una simulación de nuestra atmósfera, en la que la presión y el viento son los factores más relevantes, pero constituye un punto de partida formidable para comprender el espacio.

Y es ahí donde la materia oscura entra en juego. Dado que las pruebas observacionales indicaban que hay al menos cinco veces más de ella que de materia visible, lo más natural era reconvertir el enfoque de Holmberg en una simulación de materia oscura. El hecho de que en la realidad esta no se ilumine no tiene relevancia, pues aun así podemos usar la luz como una representación de su gravedad.

Cuando, en los años setenta, comenzó a tomarse en serio la idea de la materia oscura, las computadoras digitales ya eran lo suficientemente potentes para tomar el relevo, de modo que ya no hacía falta recurrir al truco de la luz, si bien seguía siendo vital la capacidad para abstraerse de los detalles. Los resultados de Holmberg brindaron confianza a los cosmólogos para seguir trabajando con simulaciones que trataban de hallar si la fuerza gravitatoria de la materia oscura podía ser lo que hubiera esculpido el universo entero.[18] En lugar de bombillas en un laboratorio, los elementos básicos de estas simulaciones son números en una computadora digital. Estos representan tanto las estrellas como la propia materia oscura, y los efectos de la gravedad se calculan usando el puro poder computacional de la máquina, en lugar de tener que recurrir a la analogía lumínica. Con todo, la técnica básica del *kick* y el *drift* sigue siendo la misma, y los astrofísicos actuales comparan la distribución de materia predicha por la simulación con la observada en el universo real, tal y como hizo Holmberg.

En este punto tengo que hacer un poco de hincapié en la terminología. En las simulaciones digitales actuales se recrean muchos paquetes individuales de materia oscura en movimiento, que serían el equivalente a las bombillas de luz de Holmberg. En la década de 1970, se hizo habitual referirse a ellos como «partículas de materia oscura», y el nombre se ha mantenido, a riesgo de provocar una gran confusión. Para muchos físicos, una partícula de materia oscura significa algo muy distinto, pues hace referencia a una partícula físicamente real que esperan poder hallar algún día usando un equipo lo bastante sensible, como sucedió con el bosón de Higgs. Por el contrario, en una simulación, una partícula es la representación que sustituye alguna sustancia y no tiene más relación con una partícula real que la que una bombilla tiene con una estrella. De modo que propongo usar un término menos ambiguo para los pedazos de materia oscura incluidos en las simulaciones: «partículas virtuales» o «partículas v».

A mediados de los años setenta se empezó a poder estudiar el comportamiento de galaxias hechas con setecientas partículas v, lo que requería doscientas cincuenta mil cálculos sobre su fuerza gravitatoria en cada uno de las decenas de pasos de *drift* y *kick*. Los ordenadores podían arrojar los resultados de dichas simulaciones en unas pocas horas.[19] Desde entonces, los más grandes del mundo han aumentado su potencia exponencialmente por cientos de millones.

A medida que la tecnología avanza, no es raro que se vea rebasada por las ambiciones y, como consecuencia, las simulaciones más grandes realizadas hasta la fecha contienen varios billones de partículas v. Aunque hay cierto afán competitivo e infantil en ello, del tipo «mi simulación tiene más partículas v que la tuya», ese nivel de detalle también responde a una necesidad científica real. Al igual que sucede con los meteorólogos cuando usan una cuadrícula más fina, cuantas más partículas virtuales añadamos a nuestra simulación, con más profundidad podremos estudiar el comportamiento de las galaxias.

Añadir detalle no es la única forma de aprovechar la creciente potencia informática. Al igual que un artista puede elegir pintar un finísimo retrato o un gran paisaje, los astrofísicos podemos usar las partículas v para representar unas pocas galaxias con una precisión cada vez mayor, o bien usar un lienzo más grande para empezar a mapear los cientos de miles de millones de galaxias que existen en el universo visible. Todos esos billones de partículas virtuales pueden emplearse para ampliar gradualmente nuestro horizonte hasta que comprendamos cómo se expande la materia oscura (y todo lo demás) a lo largo y ancho del espacio.

La materia oscura fría

Desde mediados del siglo XX sabemos que el universo tiene unos catorce mil millones de años de antigüedad, que se expande y que en su origen tenía tan solo una pequeña fracción de su tamaño actual. Pero la expansión no desperdiga las galaxias de una manera azarosa. Durante los años ochenta, las observaciones realizadas por potentes telescopios mostraron que las galaxias están ligadas entre sí por una vasta «malla cósmica» plagada de zonas casi desiertas entre medias, algo así como una enorme telaraña.[20]

Los filamentos unen decenas o incluso cientos de galaxias, cada una de las cuales es unas diez mil veces más pequeña que el propio filamento, por lo que, a la escala de una simulación, aparecen tan solo como un pequeño punto brillante. Sin embargo, ese punto contiene cientos de miles de millones de estrellas, cada una de las cuales puede tener múltiples planetas. De modo que la estructura de la que estoy hablando se traza con motas de luz que brillan como el rocío en una telaraña de proporciones descomunales.

Uno de los primeros proyectos que revelaron esta curiosa estructura cósmica reticular fue dirigido por el astrónomo Marc Davis. Ducho en tecnología (se pagó sus estudios universitarios trabajando en una empresa de *software*), construyó un sistema digitalizado y automatizado para mapear todas las galaxias. De manera no muy diferente a lo que Holmberg había hecho décadas antes, se dio cuenta de que los catálogos de galaxias existentes habían sido reunidos de forma algo anárquica, y decidió automatizar el proceso de rastreo del cielo con la ayuda de ordenadores. Dentro de la cúpula del telescopio «había cables por todos lados [...], no hice el trabajo más fino de la historia, pero funcionaba», explicaría más tarde.[21]

Con todo, los resultados parecían un gran puzle: ¿cómo y por qué habían sido las galaxias dispuestas de esa forma? Davis concentró sus esfuerzos en encontrar una explicación a estas cuestiones. Para ello, sumó a su equipo a tres jóvenes investigadores y los puso a trabajar en el problema usando simulaciones. Entre ellos estaban una joven promesa de la astronomía, Simon White, y uno de sus doctorandos, Carlos Frenk, quien acababa de escribir una tesina defendiendo la existencia de la materia oscura en nuestra propia galaxia. Hoy, a punto ya de retirarse, Frenk sigue haciendo gala de un entusiasmo irreprimible y casi juvenil por la cosmología: «Me cuesta creerlo, pero acabé encontrando el mejor trabajo del universo», contó en una conferencia en 2022.[22]

El equipo lo completaba George Efstathiou, quien por entonces estaba acabando su tesina en la Universidad de Durham y era el creador del único código en el mundo capaz de ejecutar simulaciones de la escala y la sofisticación necesarias para aquella empresa. Efstathiou dirigía el Instituto Astronómico de Cambridge cuando yo aterricé allí, en 2005, para empezar a trabajar en mi tesina y para mí fue una figura de autoridad algo intimidante. Pero en los años ochenta había sido un motero que vestía cazadoras de cuero, y él y sus tres jóvenes colegas eran conocidos en el mundillo como la «banda de los cuatro», en referencia al legendario cuarteto de radicales del Partido Comunista Chino.[23]

Para apreciar mejor las ventajas del código de Efstathiou sobre sus predecesores, hay que considerar que el universo, hasta donde sabemos, no parece tener bordes. Cuando los cosmólogos hablamos de que este se expande no queremos decir que haya una especie de burbuja de materia dilatándose por el abismo. De hecho, la totalidad del espacio que podemos contemplar con nuestros telescopios ya está lleno de redes de galaxias y, aun así, estas se separan gradualmente unas de otras. Es muy difícil hacerse una imagen mental de ello y constituye un verdadero galimatías práctico para las simulaciones, pues ¿cómo podemos representar un universo ilimitado con un ordenador de capacidad finita?

La solución consiste en usar trucos matemáticos para hacer que un pequeño universo simulado parezca infinito. La analogía más próxima nos la puede proporcionar el clásico videojuego recreativo *Asteroids*, en el que el jugador pilota una nave espacial en 2D y navega por un universo del tamaño de la pantalla, disparando a las rocas espaciales para destruirlas y no colisionar con ellas. Si una de ellas, o la nave, se desplaza hasta el borde derecho de la pantalla, desaparece, pero reaparece al poco por la izquierda, y viceversa. Igualmente, si vuelas hasta el límite superior de la pantalla, acabas reapareciendo por abajo, como si te teletransportaras. Con una simplicidad no carente de belleza, esa configuración permite crear un universo de juego sin bordes, pero limitado en su extensión a la pantalla y, por lo tanto, manejable en términos informáticos. El código de Efstathiou implementaba esta idea a la hora de simular el espacio, sorteando las enormes exigencias técnicas al reproducirlo en el interior de una caja milagrosa, sin paredes.

La banda de los cuatro combinó este universo en una caja con el método de cálculo estándar para progresar en el tiempo en las simulaciones (mediante *kicks* y *drifts*) y logró demostrar cómo la materia oscura y su gigantesca influencia gravitatoria iban construyendo gradualmente, a lo largo de miles de millones de años, una gran telaraña de materia cósmica. Allí donde hay una cantidad adicional de materia oscura, aumenta la atracción gravitatoria, mientras que, por el contrario, allí donde hay menos, la gravedad es más débil y los cuerpos se separan más fácilmente. Esto produce un efecto dominó: un pequeño paquete de materia densa es capaz de absorber con rapidez todo lo que lo rodea y, con el tiempo, acaba formando estructuras gigantes, como son las galaxias. Y, a medida que estas comienzan a atraerse entre sí, algunas chocan y se fusionan, tal y como Holmberg había mostrado. A su vez, las que no están lo bastante cerca para fusionarse se alinean conformando una malla galáctica sorprendentemente parecida a los mapas que Davis había trazado del universo.

Como los científicos del clima, los cosmólogos podemos jugar con las conjeturas de las simulaciones para descubrir cómo responden estas diferentes estructuras y si los resultados se corresponden con la realidad. En los años ochenta, el interés giraba en torno a los neutrinos: ¿bastaban estas misteriosas partículas para explicar toda la masa oculta que el universo parece albergar? A primera vista, los neutrinos resultaban perfectos: eran completamente invisibles, abundaban en todo el cosmos y, a diferencia de cualquier otro candidato a materia oscura, su existencia había sido confirmada mediante experimentos realizados aquí, en la Tierra.

Estos experimentos también habían probado que los neutrinos tenían que ser excepcionalmente ligeros; su masa debía rondar, como mucho, la cienmillonésima parte de un átomo de hidrógeno.[24] Por sí mismo, ese dato no sería obstáculo para que los neutrinos actúen como materia oscura, ya que en teoría hay tantísimos en el universo que su efecto gravitatorio total podría seguir siendo enorme. Fue el cosmólogo ganador del Premio Nobel Jim Peebles quien advirtió, sin embargo, de que unas partículas tan sumamente ligeras se moverían demasiado deprisa. Al igual que resulta más fácil lanzar con fuerza una pelota de críquet que una bola de cañón, en el origen del cosmos los ligeros neutrinos tuvieron que salir disparados en una danza frenética.[25] Una vez reajustadas para incluir estos rápidos movimientos, las simulaciones del equipo confirmaron que era imposible formar a partir de estas partículas la clase de malla densa e imbricada que había sido observada en la realidad.[26] Los neutrinos se movían a tal velocidad que se dispersaban por todo el universo en lugar de concentrarse para crear las estructuras requeridas.

Este descubrimiento fue decisivo, ya que confirmaba que ninguna partícula conocida por la física podía identificarse con la materia oscura: hacía falta hallar algo completamente nuevo, algo a lo que empezó a llamarse, de manera algo críptica, «materia oscura fría». El término deriva de la idea de que las partículas que se mueven a gran velocidad, como los neutrinos, son «calientes», ya que lo que experimentamos como calor obedece en realidad a movimientos rápidos, si bien por lo general suceden a escala microscópica. Por el contrario, la materia oscura fría se identifica con partículas invisibles, pesadas y lentas, las cuales forman estructuras mucho más parecidas a las que observamos en la realidad. Para ilustrar este fenómeno, resulta útil pensar en una *fondue*: si el universo estuviera hecho de un material demasiado caliente, se tornaría fino y disipativo, pero si está hecho de materia oscura fría, esta tiende a aglutinarse, formando los pegotes estructurales en forma de red avistados por los telescopios.

Los resultados de las simulaciones encierran una segunda conclusión: los neutrinos tienen que ser aún más ligeros de lo que se pensaba a principios de los ochenta. Esto es así porque no basta con tener materia oscura fría en el universo simulado, sino que esta debe ser la fuente *dominante* de gravedad. Si los neutrinos tienen demasiado peso gravitatorio en el modelo, comienzan a deformar la red de materia oscura fría y las simulaciones dejan de coincidir con la realidad. Dado que prescindir de los neutrinos tampoco es una opción, ya que sin duda abundan en el espacio, la única conclusión factible es que cada uno de ellos sea tan excepcionalmente ligero que sus efectos gravitatorios sean mínimos. Los experimentos actuales confirman que la masa de los neutrinos es al menos treinta veces menor de lo que los físicos creían a principios de la década de 1980. Así pues, las conclusiones de las simulaciones son correctas.[27]

Estos dos resultados catapultaron las simulaciones al centro del debate en el ámbito de la cosmología y la física de partículas. Simon White, miembro de la banda de los cuatro, recibió una rara invitación para viajar a Moscú, al otro lado del telón de acero, para reunirse con Yakov Zeldovich, un formidable e influyente físico ruso. Este llevaba años defendiendo la idea de que los neutrinos y la materia oscura eran una y la misma cosa,[28] pero, una vez vio los resultados de las simulaciones con White, mientras desayunaban en su apartamento, asintió con sequedad y cambió de tema de conversación.[29] Aquella era su forma, al parecer, de admitir su error.

LA ENERGÍA OSCURA

La noción de materia oscura fría va más allá de la peregrina historia de una masa invisible que explica la rotación de las galaxias, pues permite elaborar una interpretación coherente del crecimiento de la gran telaraña cósmica dentro de nuestro universo. Pero la teoría sigue incomodando a los científicos: «ningún físico que se precie va a estar a gusto con ella hasta que se descubra la materia oscura en un laboratorio», decía Marc Davis en 1988.[30] Seguimos esperando. Los hallazgos del neutrino y del bosón de Higgs demuestran que estas esperas pueden ser largas, pero, en el ínterin, el universo está empezando a volverse aún más extraño.

Durante los años ochenta, los telescopios de todo el mundo siguieron ampliando nuestra comprensión de la red cósmica. Davis había concentrado sus esfuerzos en las simulaciones, pero otra de las directoras de su equipo original de mapeo, Margaret Geller, sospechaba que aún había más hilo del que tirar. Había estado fascinada desde la infancia por los patrones tridimensionales. Visitaba a menudo el laboratorio de cristalografía de su padre, dedicado a inferir el regular entramado de la estructura atómica de la materia. La noción de la red cósmica reemplazó a la convicción previa de que las galaxias se dispersaban al azar y Geller se dio cuenta de que «gran parte de lo que la gente daba por sabido no se sabía en absoluto».[31] De modo que ella y dos colegas más iniciaron una búsqueda más profunda, que fuera más allá de lo que Davis había catalogado.

Hacia el final de la década, Geller había logrado incrementar la sensibilidad del dispositivo de mapeo automatizado del cielo, que ahora era capaz de hallar seis veces más galaxias, muchas de las cuales eran presencias mucho más distantes y débiles.[32] El nuevo mapa, ampliado, reveló que la red de estructura cósmica posee filamentos individuales que se prolongan a lo largo de cientos de millones de años luz, lo que supuso una nueva sorpresa para la comunidad cosmológica, ya que, si bien se daba por hecho que la red cósmica se extendía a todo el espacio, las simulaciones de materia oscura fría habían concluido que los filamentos individuales debían de tener unos treinta millones de años luz como mucho. Estaba claro que algo fallaba en las simulaciones existentes y, según sugirió Geller, «puede que el modelo apropiado sea uno mucho más desordenado».[33]

Este desorden resultó ser la fuerza de la antigravedad, que extrae filamentos cada vez más largos de la red cósmica. La idea que subyace a esta teoría es de un importante abolengo en física: tanto Newton como Einstein especularon con la existencia de una antigravedad repulsiva como puntal de sus respectivos trabajos sobre la gravitación, si bien ambos descartaron la idea porque no había ninguna prueba de ella.[34] Hoy, llamamos «energía oscura» a cualquier fuerza que disperse el universo, en contraposición a la materia oscura, que atrae y fusiona las galaxias.

Los efectos de la energía oscura tienen que ser muy débiles, ya que no generan un impacto medible en el sistema solar o a escala galáctica. Aun así, sus efectos son significativos a escalas lo suficientemente vastas. Einstein la llamó «constante cosmológica», una fuerza suave pero incesante que acelera de forma gradual e imparable la expansión general del universo.

Algunas simulaciones de los años ochenta incluían la energía oscura, pero solo con el fin de ser más completas teóricamente, ya que pocos cosmólogos creían en serio que pudiera tener un efecto real. En 1990, respondiendo a la nueva generación de mapas galácticos, George Efstathiou señaló que la expansión acelerada por la energía oscura incrementaba la escala de la red cósmica, como si esta hubiera sido ampliada en una fotocopiadora gigantesca.[35] Si un universo simulado tuviera cerca del 80 por ciento de energía oscura (la cifra admitida actualmente está más cerca del 70 por ciento), y la proporción restante fuera sobre todo materia oscura, el universo virtual y el real volverían a aproximarse. Eso implicaba que, si los astrónomos pudieran medir la expansión del universo directamente, hallarían que esta se acelera de acuerdo con la antigravedad de la energía oscura a gran escala.

Ocho años más tarde, en 1998, dos equipos de astrónomos anunciaron que habían logrado medir la expansión del universo usando el telescopio espacial Hubble y que, en efecto, se estaba acelerando, tal y como indicaban las simulaciones. Solo cuando comprendí la importancia de este hecho pude entender por qué mis profesores de la universidad estaban tan convencidos, ya a mediados de la primera década de los dos mil de la existencia de la materia y la energía oscuras. En realidad, se trata de algo asombroso: la audacia de la imaginación, estimulada por una combinación de especulaciones teóricas, datos irrefutables y simulaciones informáticas que producen, en último término, una predicción que demuestra ser precisa.

Tal vez, «predicción» no sea el término más adecuado, ya que aquí se trata de recrear el pasado y, en ciencia, las predicciones suelen hacerse sobre el futuro. Alguien que trabaja en física de partículas puede prever lo que el experimento mostrará al día siguiente y después averiguar si su hipótesis era correcta o falsa. Para los astrónomos, sin embargo, predecir el futuro en este sentido es posible, pero rara vez resulta útil. Estamos seguros de que nuestra galaxia, la Vía Láctea, colisionará con su vecina Andrómeda en menos de cinco mil millones de años, lo que sin duda producirá una visión espectacular en el cielo nocturno, pero esta información no supone ninguna ventaja práctica a la hora de reunir pruebas que confirmen o refuten las teorías cosmológicas. Nadie tiene intención de esperar ciento cincuenta millones de generaciones para ver si llevaba razón.

De todas formas, no hace falta tener una paciencia sobrehumana. El universo no cambia tanto durante el transcurso de una vida humana, pero sí lo que sabemos acerca de él. Esa es la razón por la que los cosmólogos no suelen dedicarse a predecir lo que *sucederá* en el futuro, sino lo que *averiguarán* en el futuro. La energía oscura se originó hace miles de millones de años, pero hasta 1998 no descubrimos que la expansión del universo se estaba acelerando. Así, las simulaciones de 1990 hicieron predicciones en ese sentido.

Desde entonces, los telescopios han multiplicado por treinta su capacidad para penetrar en las profundidades del universo y las explicaciones de la materia y la energía oscuras siguen considerándose válidas. Cuando contemplamos regiones del universo tan alejadas, estamos observando el pasado, ya que la luz tarda muchísimo en llegar hasta nosotros, por lo que la predicción de la simulación no tiene que ver con la red cósmica actual, sino con lo que esta era hace miles de millones de años. Las simulaciones reproducen algo que ya ha sucedido, pero de lo que la humanidad aún no tiene pruebas.

Si hablamos de los años ochenta y noventa con los cosmólogos que estaban en activo en esa época, describirán una situación inicial de crisis que se va transformando en entusiasmo. Yo nací en 1983 y empecé a estudiar Cosmología a principios de los años dos mil, un momento en el que todas estas ideas ya se tomaban en serio. En uno de mis primeros encuentros en persona con George Efstathiou —o, al menos, uno de los primeros en los que me atreví a hablarle—, le pregunté si de verdad creía que ahí fuera había toda esa cantidad de materia invisible. Él me respondió con su proverbial franqueza y desparpajo: «Por supuesto».

LA OSCURIDAD VISIBLE

Soy un converso. Si la materia oscura se limitara a ofrecer una explicación racional de la rotación sorprendentemente rápida de las galaxias, no se diferenciaría mucho de un cuento para niños. Es demasiado fácil inventarse una explicación como las de Kipling para un hecho aislado. Pero la rotación galáctica es solo una de las muchas formas en las que esta esotérica sustancia hace sentir su presencia. Todavía más significativa es la manera en que la materia oscura y la energía oscura atraen y repelen, respectivamente, para producir la estructura general de nuestro universo, la red cósmica. Experimentando con simulaciones hasta dar con una estructura que juzgaran satisfactoria, los cosmólogos pioneros pudieron inferir como es debido hechos cruciales acerca de nuestro universo: que la materia que podemos observar directamente no puede explicar por sí sola la existencia de la red cósmica, que los neutrinos tienen que ser demasiado ligeros para desempeñar una función significativa, y que la expansión del universo debe producirse en aceleración. Este tipo de capacidad predictiva es la marca de una teoría científica exitosa y, si bien se han propuesto hipótesis alternativas para explicar la rotación de las galaxias, ninguna más que la materia oscura ha sido capaz de explicar tantos fenómenos.

Hoy, gracias a la red interconectada de observaciones, teorías y simulaciones que dio lugar al conocimiento de las décadas de 1980 y 1990, está firmemente asentada la concepción de un universo constituido por un 25 por ciento de materia oscura, un 70 por ciento de energía oscura y apenas un 5 por ciento de los átomos y moléculas restantes de los que estamos compuestos tú, yo, los planetas, las estrellas y demás partes visibles de las galaxias. En los capítulos siguientes aportaré más pruebas de ello.

Esto no quiere decir, sin embargo, que la materia y la energía oscuras proporcionen explicaciones finales y definitivas acerca de lo que sucede en el universo. En realidad, son incompletas en el sentido de que no están conectadas con otras teorías físicas más familiares. Desde esa perspectiva clásica, los neutrinos hubieran constituido una explicación de la estructura cósmica mucho más satisfactoria: comprendemos no solo que existen, sino también *por qué* existen, en cuanto que grupo más amplio de partículas subatómicas que compone nuestro mundo cotidiano. A pesar de sus orígenes como solución teórica desesperada de Pauli, los neutrinos son hoy parte integral de nuestra comprensión de los componentes de la naturaleza; una comprensión conocida como el «modelo estándar» de la física de partículas.

La materia y la energía oscuras no se ajustan a este modelo estándar y, por lo tanto, deben ser consideradas como explicaciones meramente tentativas. No sabemos cómo se relaciona la materia oscura con el familiar mundo de las partículas, aunque existen teorías especulativas con nombres exóticos como «supersimetría», «axiones» o «neutrinos estériles» (primos hipotéticos de los neutrinos estándar), cada una de las cuales implica una versión ligeramente diferente de la materia oscura. Había grandes esperanzas de que el Gran Colisionador de Hadrones (LHC, por sus siglas en inglés) o bien algún detector especializado pudieran hallar pruebas de la existencia de la supersimetría en particular, pero, en los últimos años, al no producirse ningún hallazgo, las expectativas han comenzado a desvanecerse. Lo cierto es que, hoy en día, tenemos pocas pistas sobre qué es en realidad la materia oscura y estamos completamente perdidos acerca de lo que es la energía oscura. Continúan los experimentos para buscar nuevas partículas específicas, pero no hay garantía alguna de que vayan a tener éxito a corto plazo.

Aunque eso pueda resultar frustrante, también ofrece oportunidades casi ilimitadas para el desarrollo de simulaciones. La materia y la energía oscuras pueden ser tantas cosas diferentes que los expertos codifican continuamente diferentes variaciones en sus universos virtuales, solo para ver qué sucede y si se corresponde con lo que hay ahí afuera. No existe el parámetro perfecto, pues la correspondencia entre una simulación y la realidad es solo una cuestión de grado. Siempre hay margen de mejora y siempre existe la posibilidad de que la introducción de variaciones produzca modelos aún más acordes al universo real.

¿Podemos imaginar que la materia oscura se vea afectada, aunque muy débilmente, por el efecto de una fuerza distinta a la de la gravedad? ¿O tal vez se mueva un poco más rápido de lo que se cree en la actualidad, no tanto como un neutrino pero tampoco tan lenta como la materia oscura fría? ¿O podría la energía oscura dispersar el universo de una manera ligeramente diferente de lo que Einstein llamó «la constante cosmológica»?

Siguiendo el método original de la banda de los cuatro, cosmólogos de todo el mundo pueden simular universos con diferentes ingredientes y comparar los resultados con la realidad. Si alguna modificación de las asunciones subyacentes produce un modelo más próximo a lo que se observa ahí afuera, sabemos que vamos por buen camino. Llegados a ese punto, podremos dar nuevas directrices a los laboratorios sobre el tipo de partículas que deberían buscar.

Algunos cosmólogos dirán que ya contamos con indicios de una inminente revolución, con nuevas variantes de materia y energía oscuras que se ajustan mejor que nunca a las observaciones de los telescopios.[36] Yo no estoy tan seguro, porque comparar una simulación con la realidad no es tarea sencilla y uno puede sacar conclusiones precipitadas.[37] El problema es que las simulaciones de finales del siglo pasado se centraban, con pocas excepciones, en ese 95 por ciento del universo «oscuro», en lugar de hacerlo en el 5 por ciento que es visible. Y comparar esos resultados con la realidad observada por los telescopios requería partir de una gran asunción: que la gravedad de la materia oscura atrae gas y estrellas a su paso, lo que significa que las galaxias se forman siempre allí donde esta es más densa.

Es como arrojar luz sobre la oscura estructura de las simulaciones, algo que, al principio, funcionó razonablemente bien. Desde el punto de vista de una simulación, las estrellas se comportan de manera muy similar a la materia oscura, ya que la fuerza clave, la gravedad, afecta a toda la materia por igual. Así, es razonable que las estrellas se acumulen donde la atracción de la materia oscura es más fuerte. Pero este análisis pasa por alto una diferencia: una asunción clave de estas simulaciones y de las predicciones resultantes es que la materia oscura surgió una fracción de segundo después del Big Bang, pero las estrellas son muy diferentes en ese sentido, ya que su origen es relativamente tardío y aparecieron al menos cien millones de años después del nacimiento del universo.[38]

A diferencia de las partículas de materia oscura, las estrellas tardan tiempo en formarse a partir de nubes de hidrógeno y de helio. Estos gases están sometidos a otras fuerzas aparte de la gravedad: la presión puede apartar o atrapar nubes de gas, mientras deja que la materia oscura fluya libremente. A menos que una simulación pueda reproducir el complejo comportamiento del gas, no podrá predecir cuándo ni dónde nacen las estrellas, ni dónde terminan. La idea de que las estrellas siguen el rastro de la materia oscura constituye un buen atajo, pero no es precisa.

Con el cambio de siglo, ha quedado claro que la relación entre los componentes invisibles y visibles de nuestro universo es compleja. Para investigar la verdadera naturaleza de la materia y la energía oscuras, los cosmólogos no tuvieron más remedio que desentrañar primero la forma en que nacen y evolucionan las galaxias. Simular el 95 por ciento del universo parecía una gesta impresionante, pero simular el 5 por ciento restante (el correspondiente al gas, las estrellas y las galaxias) probaría ser aún más difícil.

3

Las galaxias y la subcuadrícula

Si alzas la vista hacia el cielo nocturno en una ciudad, solo verás un puñado de estrellas. Si te aventuras en la oscuridad de la montaña, sin embargo, una vez tus ojos se acostumbren, distinguirás cientos de ellas y, poco a poco, hasta unos miles. A medida que tu visión se adapte, discernirás también una suave banda de luz que divide el cielo en dos, he ahí la Vía Láctea, compuesta de cientos de miles de millones de estrellas, para cuyo avistamiento individual necesitarías de un potente telescopio. Si vives en el hemisferio sur, en una noche sin luna, tus ojos tal vez distingan una mancha de luz en mitad de la constelación de Andrómeda: se trata de una galaxia similar en escala a la nuestra, pero mucho más distante. ¿Por qué el universo está formado por islas como esas, separadas a su vez por un vasto espacio prácticamente vacío? Esa es una de las preguntas fundamentales que tratan de responder los cosmólogos.

La Vía Láctea es nuestro hogar galáctico y Andrómeda es nuestra vecina de mayor tamaño, pero distan mucho de ser las únicas galaxias existentes. La película de 1997 *Contact* comienza con un plano que sobrevuela la Tierra, tras lo cual la cámara retrocede y nuestro planeta comienza a alejarse. Dejamos a un lado la Luna y Marte, volamos a través del cinturón de asteroides y sobrepasamos también Júpiter y Saturno, hasta que el Sol y el sistema solar son poco más que una mota; vislumbramos entonces incontables estrellas y relucientes nubes de gas y, dejando atrás la Vía Láctea, flotamos en el abismo del espacio profundo. La cámara imaginaria de *Contact* ha volado miles de millones de veces más lejos que ninguna nave espacial humana, pero este viaje cinematográfico dista mucho de ser completo.

Decenas de nuevas galaxias vuelven a emerger en la pantalla y la Vía Láctea queda absorbida por esa multitud. Finalmente, la pantalla se llena de puntos, de galaxias más allá de la nuestra, algunas más pequeñas y otras más grandes, cada cual con su color y forma particulares. El arranque de la película ilustra la concepción contemporánea del universo como un vasto océano de oscuridad en el que un abigarrado puñado de islas brillantes se agrupan en una estructura en forma de telaraña.

Las simulaciones de materia oscura de las que hablamos en el capítulo anterior recreaban bien la red cósmica, pero podían explicar poco acerca de las galaxias que la conformaban. Ello se debe a que, por definición, una simulación que solo incluya materia oscura no nos proporciona ningún dato que podamos observar directamente mediante los telescopios. Los astrofísicos podían intuir que cada aglomeración lo suficientemente grande de materia oscura tenía una galaxia en su centro, pero no podían explicar por qué estas tenían un tamaño, una forma y un color determinados. Para eso, resulta esencial incluir en la simulación las estrellas y los gases. Añadir esos ingredientes permite realizar un ejercicio de contabilidad cósmica y probar si el paradigma de la materia oscura se sigue sosteniendo cuando se comparan los resultados obtenidos con las galaxias observadas en la realidad. No solo eso: dado que vivimos en el interior de una galaxia, estas simulaciones mejoradas son también un paso necesario para la comprensión de nuestra propia historia. Si no sabemos cómo se distribuyen el gas y las estrellas por el cosmos ni por qué lo hacen de ese modo, no podemos explicar tampoco cómo nacieron el sistema solar y la Tierra dentro de la Vía Láctea.

La posibilidad de estudiar con ayuda de los ordenadores el porqué de la existencia de las galaxias, sus historias, y sus diferentes tamaños y formas era lo que más me atraía cuando empecé el doctorado, en 2005. Había algo fascinante en la idea de capturar las piezas básicas del universo en el interior de un ordenador y estudiarlas. Además, parecía el momento adecuado: los astrofísicos habían logrado por esa época simular galaxias, si no idénticas, alentadoramente parecidas a las reales.

Sin embargo, a medida que fui aprendiendo cómo funcionaban estos modelos tan revolucionarios, empecé a desilusionarme; los ordenadores no tienen todavía la potencia suficiente para esta tarea. Para recrear informáticamente una sola galaxia, hay que simplificar al máximo las leyes esenciales de la física en una serie de reglas tentativas. En particular, el nacimiento, la vida y la muerte de las estrellas (los hornos nucleares que hacen que las galaxias sean visibles) tienen que describirse necesariamente de manera muy vaga, sin principios metódicos y rigurosos.

Sucede lo mismo que sucedía con la subcuadrícula de las predicciones meteorológicas. Las gotas de lluvia y las hojas de los árboles son demasiado pequeñas y numerosas para ser incluidas en una simulación de la Tierra, por lo que su tratamiento debe abordarse recurriendo a la aproximación. De manera similar, cuando trabajamos con galaxias, los superordenadores no pueden rastrear los miles de millones de estrellas individuales que existen dentro de cada una, por lo que la solución es recrear sus efectos usando subcuadrículas de reglas aproximadas. En el caso de las simulaciones meteorológicas, que sirven un propósito eminentemente práctico, esos atajos están permitidos. El objetivo de las simulaciones de galaxias, sin embargo, es estudiar la historia del cosmos, por lo que el uso de subcuadrículas conjeturales es mucho más dudoso.

Ese problema cobrará gran importancia en este capítulo. En la actualidad, aunque ya no me siento desilusionado, sigo dedicando mucho tiempo a reflexionar sobre la tensión entre la realidad, la física y las simulaciones. Los ordenadores nunca serán capaces de capturar completamente la riqueza y los infinitos detalles de nuestra Vía Láctea, no digamos ya de los miles de millones de galaxias restantes, por lo que saber discernir qué resultados de las simulaciones hay que tomarse en serio y cuáles no constituye una habilidad en sí misma. Las simulaciones modernas de galaxias estudian cómo se relacionan a lo largo del tiempo los múltiples cuerpos que las componen, comenzando poco después del nacimiento del universo, pero su objetivo no puede ser reproducir cada aspecto de este larguísimo proceso porque resultaría imposible. En lugar de eso, lo que hacen es proporcionar un esquema de la historia del cosmos. Y aunque no es una recreación literal, puede emplearse para interpretar el pasado tal y como lo observamos en la realidad: nuestros más potentes telescopios escrutan la inmensidad del pasado, ya que la luz emitida por los objetos distantes puede tardar miles de millones de años en llegar hasta nosotros. Esos pequeños y remotos puntos de luz que avistamos, procedentes en realidad de un universo antiquísimo, tienen un aspecto muy diferente a las galaxias cercanas, y las simulaciones nos proporcionan un medio para tratar de explicar por qué.

Para comprender cómo descubrieron los astrofísicos la historia de las galaxias y saber en qué resultados de las simulaciones podemos confiar, hay que rebobinar de nuevo hasta los años sesenta, cuando los telescopios habían logrado asomarse al pasado y habían observado tan solo una décima parte del enorme lapso transcurrido desde el Big Bang. Por entonces, nadie prestaba demasiada atención al origen de las galaxias ni a cómo cambiaban a lo largo del tiempo. De hecho, imperaba la asunción general de que habían permanecido casi inalteradas al menos en los últimos miles de millones de años. Una única doctoranda, Beatrice Hill Tinsley, sería la encargada de sacudir esta complaciente creencia de los cosmólogos al preparar el terreno para la llegada de las simulaciones galácticas modernas.

LAS GALAXIAS DE TINSLEY

Hay trabajos científicos precisos, minuciosos y brillantes; otros son verdaderos manifiestos, capaces de definir una nueva forma de pensamiento. La tesis doctoral de Tinsley, escrita en 1967, lograba de algún modo combinar ambas cualidades.[1] Demostraba por qué existen sobradas razones para pensar que las galaxias cambian a lo largo del tiempo, establecía cómo desarrollar simulaciones que permitan reconstruir y explicar estos cambios, y concluía afirmando que toda la cosmología de su época necesitaba una profunda revisión.

El prestigioso astrónomo estadounidense Allan Sandage había estado usando los telescopios más grandes del mundo para estudiar galaxias situadas a unos pocos miles de millones de años luz de la Tierra con un solo propósito: mapear la expansión del universo empleando los datos sobre la velocidad y la distancia de dichas galaxias. Sandage logró medir a qué velocidad se movía cada una y, teniendo en cuenta también la luminosidad con la que se veían a través del telescopio, calibró la distancia a la que se encontraban. Todo objeto luminoso parece más brillante cuanto más próximo está, y viceversa, pero deducir a partir de eso una medición precisa de la distancia a que se encuentra requiere conocer la luz intrínseca de una galaxia o, de lo contrario, una brillante y remota puede confundirse con otra menos luminosa pero más cercana. Sandage estudiaba estos fenómenos partiendo de la asunción de que todas las galaxias que había escogido para su investigación brillaban con la misma intensidad lumínica.

A diferencia del experimento de Holmberg, muy dirigido y en el que la luz oficiaba como un indicador de la gravedad, Sandage recibía y medía aquella procedente de galaxias reales, por lo que no tenía forma de verificar si estas brillaban verdaderamente con una intensidad uniforme. De hecho, debido al tiempo que la luz invierte en recorrer tamañas distancias, las galaxias remotas se observan con un retardo temporal considerable, por lo que eran más jóvenes en el momento de emitir esa luz. El mapeo de Sandage solo tenía sentido, por tanto, si las galaxias jóvenes y las antiguas generaban una cantidad de luz comparable. Él no creía que eso pudiera estar en tela de juicio, así que confiaba en la precisión de su cálculo del ritmo de expansión del universo, del que extrapoló que este proceso «cesará en unos tres mil millones de años, tras lo cual, el universo comenzará a contraerse».[2] El cosmos, según sus cálculos, llegaría a su fin dentro de siete mil millones de años con una colisión cataclísmica de todas las galaxias, estrellas y planetas.

Sandage estaba seguro de que para confirmar sus conclusiones solo necesitaba unos cuantos telescopios gigantes más, pero en ese momento el dinero de los presupuestos científicos se estaba yendo todo al programa de misiones espaciales. «Estamos a punto de reescribir el libro del Génesis —declaró al *Wall Street Journal* en 1967— y eso, filosóficamente, es más importante que poner a un hombre en la Luna».[3]

Mientras Sandage planteaba su argumento en términos bíblicos, Tinsley se dedicaba a minar la asunción de este sobre el brillo constante de las galaxias con una prosa elocuente y minuciosa. En una carta a su padre, la joven investigadora penetraba en el corazón del error de Sandage: «los cálculos también dependen de cómo eran esas galaxias en el momento en que emitieron la luz que llega ahora a los telescopios, y no hay razón para asumir que fueran iguales a los objetos más cercanos».[4] Si las galaxias pasadas no brillaban de la misma forma que las actuales, las predicciones de Sandage sobre el origen y el final de la creación eran sencillamente erróneas.

Tinsley apuntalaba su argumento usando simulaciones que había diseñado, programado y analizado ella misma. Como todas, partían de una serie de condiciones iniciales —en este caso, relativas al gas, la materia prima con la cual se forman las estrellas— y luego daba instrucciones al ordenador para que ejecutara saltos temporales, registrando los cambios en la galaxia. A diferencia de Holmberg con sus simulaciones de galaxias fusionándose, Tinsley no estaba tan interesada en cómo se mueven las estrellas, sino en cómo nacen, evolucionan y mueren. Las estrellas de Holmberg eran bombillas que emitían una luz constante; las de Tinsley, por el contrario, tenían un ciclo vital, como todo en el mundo real. Incluso expulsaban desechos nucleares, tal y como hacen las estrellas de verdad, agregando una nueva variedad de elementos (como carbono, oxígeno y hierro) al hidrógeno y al helio procedentes del prístino universo primitivo.

Todas las estrellas empiezan siendo una nube de gas que flota a la deriva dentro de una galaxia. La nube va siendo modelada por la delicada interacción entre las fuerzas de la gravedad y la presión, que empujan hacia dentro y hacia fuera respectivamente. Cuando la gravedad logra conformar una bola compacta, se producen las reacciones nucleares que convierten el gas inerte en una estrella brillante. Después, la estrella entra en su fase adulta, si bien todavía cambiará de color y brillo a lo largo del tiempo. Entonces, una vez agotado su combustible nuclear, morirá con una espectacular explosión. Las estrellas más brillantes viven solo unos pocos millones de años, apenas un pestañeo en la escala de la historia cósmica.

Con inteligencia, Tinsley no pretendió captar nada de esto directamente con su simulación. En lugar de intentar elaborar un detallado cálculo de cómo se forman las estrellas a partir de nubes individuales, dio instrucciones al ordenador para que, promediando a partir de una galaxia entera, el gas fuera conformando estrellas a una velocidad lenta pero constante, que podía especificarse y ajustarse manualmente. La forma en que brilla, envejece y muere cada una de ellas la improvisó a partir de cálculos existentes, hechos con papel y lápiz; de modo que el ordenador solo necesitaba sumar el efecto individual de todas las estrellas que se habían formado a lo largo de la historia de cada galaxia.

A pesar de su simplicidad, las simulaciones eran lo suficientemente potentes como para demostrar que Sandage se equivocaba: por más que Tinsley probaba variaciones, no había manera de producir galaxias que mantuvieran un brillo constante a lo largo de toda su vida. Eso hubiera requerido que las estrellas se formaran exactamente al ritmo justo para reemplazar a las que estaban muriendo, lo que, incluso en caso de ser cierto, hubiera implicado que fueran de un color diferente a las que se podían observar con el telescopio. Tinsley escribió en su tesis de 1967 que comprender el origen y el destino final del universo «parece ahora más difícil de lo que se pensaba, debido a los efectos de la evolución galáctica», refiriéndose a los cambios inevitables que ella había logrado simular.

El golpe maestro del trabajo de Tinsley era su constatación de que las simulaciones no proporcionan una respuesta definitiva sobre cómo se forman las galaxias y cómo evolucionan a lo largo del tiempo; y que tampoco importaba. No le interesaba obtener un resultado correcto y único, ya que, dadas todas las complejidades implicadas, era evidente que eso era imposible. En lugar de eso, lo que hizo fue probar que la hipótesis de Sandage sobre la invariabilidad de las galaxias era insostenible. Una simulación no tiene por qué ser una reproducción exacta para transformar nuestras ideas sobre el universo.

Algunos amigos de Sandage afirman que el astrónomo se sintió profundamente herido. Desde su perspectiva, era injusto que una advenediza estuviera intentando destruir su programa de trabajo.[5] Sandage trató de restar valor a los resultados de Tinsley argumentando que las galaxias reales eran incompatibles con las simulaciones elaboradas por ella. De hecho, en una conferencia pronunciada en Oxford en 1967 dijo que las afirmaciones de la astrónoma eran «espurias».[6] Pero ella sabía que estaba en lo cierto y respondió con un detallado ensayo técnico donde comparaba los resultados de Sandage con los suyos y demostraba que este había cometido un error matemático: «Los datos con que contamos no permiten descartar una tasa significativa de evolución galáctica».[7]

Sandage se limitó a admitir que «todavía no se ha alcanzado […] un acuerdo» y siguió expresando sus dudas sobre las simulaciones y análisis de Tinsley.[8] A pesar de ello, el trabajo de la joven astrónoma alcanzó una relevancia mundial. Aunque falleció en 1981, a los cuarenta años, a causa de un melanoma, Tinsley publicó más de un centenar de artículos académicos en los que siguió desarrollando sus tesis y definió el futuro del estudio de la formación de galaxias para las generaciones venideras. Gran parte del trabajo que realizó hacia el final de su vida giró en torno a una pregunta fundamental que todavía proyecta su sombra sobre las simulaciones contemporáneas: ¿a qué velocidad se forman las estrellas a partir de las nubes de gas?

Sin responder a esta cuestión, no podemos saber con exactitud con qué intensidad tiene que brillar cada parte de un universo simulado ni cómo debe variar esa intensidad a lo largo del tiempo. Como ilustraba la crítica de Tinsley sobre el trabajo de Sandage, las asunciones erróneas sobre el brillo de las galaxias pueden llevar a su vez a los físicos a realizar inferencias erróneas sobre el universo en su conjunto. En la actualidad, el ritmo al que se forman las estrellas sigue siendo una gran fuente de incertidumbre dentro de la cosmología, sobre todo cuando tratamos de comprender el intrincado vínculo que existe entre las galaxias visibles debido a la materia oscura.

Galaxias y materia oscura

Las décadas de 1980 y 1990 fueron un periodo de cambios muy rápidos en el campo de la cosmología, en parte también por la emergencia de la noción de materia oscura fría como una explicación convincente para la configuración de la red cósmica. Pero no olvidemos que el punto de partida de dicha noción no había sido la estructura del universo, sino la necesidad de explicar algunas anomalías observadas en él, como la rotación sorprendentemente rápida de las galaxias. Las pruebas observacionales habían motivado incluso la acuñación de un nuevo término para designar la materia invisible que, se suponía, rodeaba una galaxia: el «halo oscuro». Aunque parezca un oxímoron, el nombre describe con precisión lo que los astrónomos creen que rodea cada galaxia. Tal vez nunca llegue a suceder, pero, si en algún momento una tecnología futura nos permite ver la materia oscura directamente, es posible que lo que veamos sea una especie de difusa neblina auroral extendiéndose hasta ocupar unas diez veces el tamaño de la galaxia visible.

Hasta que eso ocurra, lo más cerca que podemos estar de ver un halo de materia oscura es a través de la curvatura de la luz producida por efecto de la gravedad, el fenómeno conocido como «lente gravitatoria». La luz que viaja desde lugares remotos del universo se distorsiona apenas un poco debido a la influencia gravitatoria de un halo oscuro. Se trata de algo muy diferente a ver un halo oscuro directamente, pero las mediciones de este efecto son por lo menos coherentes con la presencia de una gran nebulosa de materia.[9]

Las primeras simulaciones informáticas serias de la materia oscura se concentraron en la red cósmica, que es muchísimo más grande que una galaxia individual. A medida que aumentó la potencia de los ordenadores, sin embargo, las simulaciones comenzaron a mostrar condensaciones de materia oscura a escala galáctica dentro de la telaraña cósmica. Cabe mencionar que también revelaron estructuras de la escala y la masa que desempeñarían la función de los muy buscados halos oscuros. En los modelos informáticos, los halos se formaban allí donde el universo temprano era más denso y después crecían despacio, atrayendo gravitatoriamente más materia de la incipiente red cósmica. A menudo, los halos se fundían entre sí, haciéndose cada vez más grandes mediante un proceso de fusión constante.

Era fácil especular con que también el gas era arrastrado por la poderosa fuerza de atracción de la materia oscura y se iba acumulando hasta alcanzar la densidad necesaria para formar estrellas. Las fusiones de galaxias, que es sabido que ocurren en todo el universo, vendrían motivadas por la unión de sus respectivos halos. La teoría de la materia oscura estaba cerrando el círculo: había sido creada a partir de la observación del comportamiento de las galaxias, había predicho la existencia de las vastas estructuras cósmicas en las que estas se organizaban y, ahora, estaba comenzando a explicar cómo se originaban las galaxias y cómo evolucionaban a lo largo del tiempo.[10]

Con todo, había que contener el entusiasmo. En realidad, estas simulaciones no decían nada sobre las galaxias visibles, solo acerca de los halos oscuros que supuestamente las rodeaban. No incluían ni estrellas ni gas en sus programas, por lo que toda comparación con el universo real estaba basada en suposiciones y especulaciones. Así las cosas, Simon White y Carlos Frenk (dos de los miembros de la banda de los cuatro) decidieron ponerse manos a la obra para atajar el problema. La tarea resultaba irresistible porque, tal como White explicó en una conferencia en 1981, «nuestras ideas acerca de cómo se forman las galaxias son todavía muy inciertas […] no está claro si seríamos capaces de reconocer una galaxia en formación si la viéramos».[11] Averiguar si aquellas visibles seguían o no el mismo patrón de fusión y crecimiento que sus halos oscuros dependía de cómo respondiera exactamente el gas a la gravedad de la materia oscura, lo que a su vez permitiría determinar con precisión en qué momento de la historia cósmica y dónde se formaron las estrellas.

Este problema es el mismo que estudió Tinsley, si bien White y Frenk tuvieron que inventarse más reglas porque la materia oscura había suscitado interrogantes completamente nuevos. ¿A qué velocidad se vierte el gas en un halo de materia oscura después de que se haya formado? ¿Cuánto tiene que comprimirse ese gas hasta que pueda empezar a formar estrellas? Si dos halos se fusionan, ¿cuánto tiempo tardan en fusionarse también las galaxias que contienen? Abordar al mismo tiempo la materia oscura y la formación de galaxias era un desafío de primera magnitud y, en una publicación académica de 1990, el dúo comentó que «para elaborar una receta plausible de la formación de galaxias hace falta un número desalentador de ingredientes».[12]

Pero dar con la receta empezaba a ser urgente, porque se acababa de lanzar el telescopio espacial Hubble, capaz de escudriñar el universo como no había sido posible hasta entonces. Liberado de los efectos distorsionantes de la atmósfera terrestre, el nuevo observatorio podía recoger luz que había viajado desde casi los albores del universo y podía, por lo tanto, proporcionar una instantánea de cómo se habían ensamblado las galaxias. Era algo sobre lo que los teóricos sabían poco, ya que habían centrado sus esfuerzos en estudiar el desarrollo de los halos invisibles de la materia oscura. Para salvar esta laguna, las simulaciones tenían que empezar a hacer predicciones claras sobre las partes visibles de las galaxias.

Hoy en día, casi todos los astrónomos aceptan la existencia de la materia oscura, por lo que en retrospectiva resulta difícil calibrar todo lo que estaba en juego entonces. Las pruebas que la red cósmica ofrecía de la presencia de materia oscura fría solo resultaban convincentes a algunos cosmólogos y físicos de partículas especializados; los astrónomos más generalistas estaban más interesados en averiguar si el nuevo paradigma podía explicar algo o no sobre las propias galaxias.[13] Si las simulaciones no daban buenos resultados en ese sentido, la cosmología de la materia oscura corría el riesgo de quedarse marginada.[14]

El campo profundo del Hubble

En la Navidad de 1995, el telescopio espacial Hubble estuvo apuntando durante diez días a una pequeña porción del cielo que medía poco menos de una décima parte del diámetro de la Luna. La zona no contenía, que se supiera, nada de particular interés, lo cual resultaba muy polémico teniendo en cuenta la duración de la exposición: durante el año anterior, los astrónomos del Space Telescope Science Institute habían desarrollado un plan sorprendente para apuntar el Hubble hacia ningún lugar en particular. Sin embargo, la cuestión era que, al apuntar durante tanto tiempo en la misma dirección, el telescopio podía incrementar su sensibilidad y detectar objetos hasta entonces desconocidos.

La tenue luz que nos llega de galaxias distantes lo hace sin prisa pero sin pausa, como si fuera la arena que cae en el interior de un reloj de arena. Aun así, y al igual que esta acabará llenando la cámara inferior del reloj sin importar lo lento que caiga, hasta la luz más tenue puede reconstruirse en una imagen nítida si un telescopio la captura durante el tiempo suficiente. Cuando la que tomó el Hubble durante diez días fue transmitida a la Tierra, estaba repleta de galaxias.

El resultado es la imagen conocida con el nombre de «campo profundo del Hubble». Imagina un lienzo negro salpicado con motas brillantes y, por si fuera poco, aderezado en la parte superior con unos cuantos remolinos. A primera vista, las motas podrían parecer estrellas, pero lo cierto es que cada una de ellas corresponde a una galaxia distante. Yo vi la imagen en televisión cuando tenía doce años y no me podía creer que hubiera tantas cosas flotando ahí afuera… Todas aquellas galaxias, miles de ellas, apretujadas en aquel pequeño trozo de cielo. Si se repitiera el mismo ejercicio cubriendo todo el firmamento, la imagen contendría un número de galaxias veintiséis millones de veces mayor. Sin embargo, para los astrónomos, los motivos de asombro eran otros. Tal y como lo expresó el británico Richard Ellis, lo que más llamaba la atención de la imagen capturada por el Hubble era «la gran cantidad de cielo vacío que contenía».[15] En septiembre de 1995, el equipo del Space Telescope Science Institute había publicado un boletín informativo anunciando lo que esperaban encontrar, y la imagen bosquejada que incluía estaba llena de galaxias grandes y brillantes. En comparación, las que descubrió el telescopio eran relativamente pequeñas.[16]

Por un lado, el resultado suponía un éxito para el campo de las simulaciones con materia oscura fría, pues quedaba claro que los halos que rodeaban las galaxias se fusionaban y aumentaban de tamaño a lo largo del tiempo. Así, asumiendo que estas también crecen y se funden, se puede concluir que en un pasado remoto esas galaxias eran más pequeñas y tenues de lo que son ahora. Teniendo en cuenta el papel rector de la materia fría oscura en la estructuración del universo, los astrónomos tendrían que haber esperado que el telescopio más potente del mundo descubriera grandes regiones de cielo vacías al remontarse trece mil millones de años luz en su observación.

Al tratarse de expectativas todavía algo vagas, sin embargo, nadie las había considerado seriamente. Una cosa es decir que en el pasado las galaxias eran más pequeñas y tenues y otra aportar datos concretos y establecer predicciones firmes sobre lo que captará un telescopio. Y estas últimas no existían porque las simulaciones tenían que lidiar con muchos factores desconocidos.

Entre esos factores, había uno especialmente peliagudo: la rapidez con la que se forman las estrellas a partir del gas; el mismo dilema que Tinsley tampoco había podido resolver con sus simulaciones décadas atrás. En el universo no hay escasez de gas, por lo que si la gravedad campara a sus anchas, llenaría rápidamente de estrellas los halos de materia oscura. Hasta los más pequeños albergarían galaxias brillantes y, en consecuencia, el campo profundo del Hubble estaría repleto de luz y las galaxias actuales serían todavía más brillantes. A mediados de los años setenta, mucho antes de que el Hubble consiguiera la impactante imagen, un estrecho colaborador de Tinsley, Richard Larson, se mostró intrigado por el hecho de que la Vía Láctea no estuviera atestada de estrellas. A su juicio, aquello podía indicar la existencia, en el universo en su conjunto, de algún sistema que regulara en todo momento la formación de estrellas. Solo se le podía ocurrir un mecanismo cuya acción fuera ubicua: lo que conocemos como «retroalimentación estelar», un elemento crucial en las simulaciones actuales.[17]

La retroalimentación estelar es un proceso por el que un pequeño número de estrellas pueden impedir que se formen otras nuevas, mediante un bucle de destrucción. Muchas estrellas concluyen su ciclo de vida con una espectacular explosión, conocida como supernova (en la Vía Láctea se produce alrededor de una al año, por ejemplo). Larson señaló que uno de los efectos colaterales de esas explosiones es expulsar gas de la galaxia, eliminando de ese modo materiales a partir de los cuales podrían formarse nuevas estrellas. Para ilustrarlo, pensemos en el mecanismo de la cisterna del retrete, mediante el cual el nivel ascendente de agua empuja una válvula que corta el flujo de la misma, de modo que esta deja de correr cuando el depósito se llena. De manera similar, cuando en una galaxia ya hay suficientes estrellas, resulta muy difícil que puedan formarse más.

El de autorregulación es un concepto potente, pero no revela por sí mismo el ritmo exacto al que se forman las estrellas. El efecto preciso de la retroalimentación estelar depende no solo de la cantidad total de gas disponible, sino también de dónde se encuentra este localizado y cómo se mueve. En algunas circunstancias, de hecho, el argumento podría invertirse: si suceden en el momento y en el lugar adecuados, las supernovas pueden aglutinar nubes dispersas de gas, comprimiéndolas en esferas que colapsan, y, por tanto, promover en último término la formación de nuevas estrellas. Pero sin una simulación capaz de capturar esta clase de detalles, es muy difícil cuantificar los efectos de la retroalimentación.

Esa es la razón por la que no existían predicciones firmes sobre lo que el Hubble registraría respecto de la materia oscura fría. A principios de los años noventa, varios grupos de trabajo habían desarrollado simulaciones que hibridaban el enfoque de Tinsley con el nuevo concepto de halo oscuro para abordar la acumulación de gas y de estrellas en las galaxias, que están en constante crecimiento. Sin embargo, estas simulaciones, en las que cada galaxia estaba representada por apenas un puñado de números, carecían del nivel de detalle necesario para predecir los efectos de la retroalimentación estelar de manera fiable. Eso no quiere decir que los modelos fueran incompatibles con los hallazgos del Hubble. De hecho, en cuanto llegaron los datos, las simulaciones estaban preparadas para interpretarlos retrospectivamente, pues, al igual que los meteorólogos adaptan los parámetros de la subcuadrícula de nubes hasta que las predicciones son correctas, los astrónomos pueden adaptar la subcuadrícula de la retroalimentación estelar hasta que las cifras de las galaxias antiguas encajen con la realidad. Hacia finales de los años noventa, varios de esos grupos habían logrado éxitos notables en sus pesquisas y corroborado que lo que impedía que el campo profundo del Hubble apareciera saturado de galaxias tenía que ser, en efecto, un potente mecanismo autorregulador de retroalimentación.[18]

Con todo, y aunque los resultados tenían sentido, estaban lejos de ser completamente satisfactorios. Lo que debería haber sido una predicción había acabado siendo una especie de trampeo retrospectivo. De manera comprensible, los astrónomos no estaban muy seguros de hasta qué punto podían tomarse en serio las explicaciones que daban las simulaciones sobre lo poco poblado que aparecía el campo profundo del Hubble. Richard Ellis afirmó por aquel entonces que «se ha prestado mucha atención recientemente al supuesto triunfo teórico consistente en explicar [el resultado; …] pero creo que tenemos que poner la imagen en perspectiva»,[19] advirtiendo también de que juguetear con los datos de retroalimentación hasta que los resultados encajasen podía ayudar a obtener un número correcto de galaxias, pero por las razones equivocadas. Sus cautelas estaban justificadas, pues los retos y dilemas que planteaba la materia oscura fría iban a tornarse todavía mayores.

CUADRÍCULAS Y PARTÍCULAS VIRTUALES

Cuando Tinsley se planteó simular la formación de galaxias, era consciente de que se trataba de un proyecto extremadamente ambicioso. Pero el problema era demasiado importante para ignorarlo y la dificultad era parte del atractivo. En uno de sus últimos artículos publicados, de hecho, le daba a su empresa un punto de vista positivo: «básicamente, todos los aspectos de la cuestión requieren más estudios teóricos y observacionales, por lo que el estudio de la evolución galáctica será durante mucho tiempo un campo fértil para la investigación».[20]

A comienzos del nuevo siglo, la mayoría de las simulaciones galácticas todavía se ajustaba al modelo desarrollado por Tinsley: una galaxia informatizada consistía en un puñado de cifras que resumían cuánto gas había y a qué temperatura, y cuántas estrellas y de qué edad. La materia oscura se había añadido también a la receta, pero su principal cometido era determinar si las galaxias se reabastecen con más gas o si se fusionaban con sus vecinas, lo que no modificaba en esencia el método. La propuesta original de Tinsley se mantuvo y las simulaciones usaban una serie de reglas especulativas para inferir cómo se transformaban las galaxias a lo largo del tiempo.

En realidad, las galaxias no pueden describirse con un puñado de números. Es como si habláramos de una tormenta solo en términos de la velocidad del viento y de la cantidad de lluvia caída; esto puede constituir un resumen útil, pero desde luego no basta para pronosticarse acertadamente cuál será la evolución del temporal. De modo similar, no hay razón para que el comportamiento de las galaxias pueda predecirse sin tener en cuenta detalles sustanciales sobre cómo se arremolinan juntos el gas y las estrellas. Esto se entiende mucho mejor a la luz de la teoría de la retroalimentación formulada por Larson y su intuición de que el ritmo al que se forman nuevas estrellas viene determinado por la destrucción de las ya existentes. Sin conocer la localización precisa de las estrellas y del gas dentro de una galaxia, se puede atribuir a la retroalimentación estelar cualquier efecto concebible, lo que para la comunidad científica arrojaba dudas sobre los resultados aparentemente exitosos de las simulaciones.

Para lograr una mejor comprensión de la retroalimentación, había que rastrear la evolución del gas a medida que se desplaza por el universo, igual que los meteorólogos rastrean los movimientos del aire y de la humedad en la atmósfera. Una forma de incluir el gas en la simulación consiste en dividir el universo en cubos mediante una vasta cuadrícula, del tipo de las que usaba Richardson. El gas que atraviesa cada cubo puede entonces someterse a las tres reglas de la dinámica de fluidos: conservación, fuerza y energía. Pero los cosmólogos se dieron cuenta pronto de que ese método no iba a arrojar mucha luz sobre el comportamiento del gas dentro de las galaxias.[21] El problema estriba en que una cuadrícula divide el espacio en secciones del mismo tamaño. Eso funciona muy bien en el caso de las simulaciones meteorológicas, ya que todas las partes de la atmósfera tienen la misma relevancia, pero cuando se aplica al universo, gran parte de la cuadrícula supone un desperdicio, porque hasta una galaxia es absurdamente pequeña comparada con el resto del universo.

Imagina un mapa de unas pocas ciudades repartidas por un gran desierto. Los viajeros no entenderán que el cartógrafo dedique el mismo espacio al desierto que a las ciudades, ya que el primero ocuparía la mayor parte del papel, mientras que las segundas aparecerían muy pequeñas y, en consecuencia, carentes de detalles. Del mismo modo, las simulaciones del universo basadas en cuadrículas malgastan gran parte de su potencial en describir vastos páramos, sin dejar margen para representar detalles vitales de las galaxias.

Este problema no afecta, sin embargo, a la materia oscura, que se rastrea usando partículas v; esto es, pedazos de materia que pueden desplazarse por un espacio simulado sin la necesidad de una cuadrícula. Allí donde no hay materia oscura no hay partículas v, de modo que el ordenador no pierde tiempo haciendo cálculos sobre los espacios vacíos. Para incorporar el gas se puede emplear también una estrategia de eficacia parecida. En lugar de usar una cuadrícula rígida, el gas puede aglutinarse en nuevos tipos de partículas v, un poco como las de materia oscura, pero sensibles a la presión además de a la fuerza de la gravedad. Eso conlleva tomar las mismas ecuaciones de Navier-Stokes que sustentan las simulaciones meteorológicas y adaptarlas para dictaminar cómo se mueven estas nuevas partículas virtuales de gas.

La primera ecuación es la que atañe a la conservación y es bastante sencillo cumplirla: usando un número fijo de partículas v, cada una de ellas con una masa fija también, la simulación puede garantizar que nada aparezca o desaparezca. La ecuación que atañe a la fuerza es más difícil de aplicar, pero no imposible: el ordenador rastrea el entorno de cada partícula virtual para hallar la presión en juego y la atracción gravitatoria de sus vecinas. La tercera ecuación es la que describe la energía y exige hacer un seguimiento del calor que transporta cada partícula virtual y ajustar en consecuencia la presión que ejerce sobre las partículas circundantes.

Aplicadas juntas, estas reglas originan la misma clase de complejos remolinos que ya vimos antes al hablar de las predicciones meteorológicas, con la diferencia de que los desplazamientos se expresan ahora mediante partículas v en movimiento y no mediante una cuadrícula. Uno de los pioneros de este nuevo método, Joe Monaghan, lo bautizó como «hidrodinámica suavizada de partículas».[22] Él no estaba tan interesado en las galaxias en su conjunto como en el interior de las estrellas y los planetas individuales. Usó la nueva técnica en las simulaciones y demostró que era flexible y fiable cuando se aplicaba al estudio de la estructura de estrellas y planetas, a la formación de la Luna o al modo en que los agujeros negros absorben material de su entorno (un tema que volveré a tratar en el capítulo 4).[23] Aunque se trataba de análisis de fenómenos relativamente pequeños, la técnica tenía validez universal: podía ayudar a concentrar la potencia del ordenador allí donde fuera necesario con independencia del modelo.

Las amplias posibilidades de la técnica llamaron por fin la atención de los cosmólogos a finales de los ochenta, una época en que Monaghan la estaba empleando para modelar erupciones volcánicas y tsunamis y estudiar la posible influencia de estos fenómenos en la desaparición de la civilización minoica.[24] Desde entonces, el método también ha sido empleado con éxito en oceanografía, biología, medicina, geofísica, en efectos especiales premiados con un Óscar e incluso en videojuegos. Una vez los cosmólogos captaron su potencial, y teniendo en cuenta el rápido incremento de la capacidad de los ordenadores a principios de los años noventa, parecía que no existieran barreras para configurar galaxias simuladas como las reales. En lugar de por un puñado de números abstractos, las nuevas galaxias estarían compuestas de gas y de estrellas tangibles arremolinándose.

Estas potentes técnicas ya se estaban probando antes de las revelaciones del Hubble de 1995, pero los resultados iniciales fueron desastrosos, y puede que contribuyeran al escepticismo de los astrónomos.[25] En lugar de galaxias como las que conocemos, con una variedad de formas y tamaños, las simulaciones produjeron agrupaciones de estrellas apretujadas hasta la saturación.[26] Y, en comparación con las del universo real, las galaxias individuales eran demasiado brillantes y densas. Para empeorar las cosas, las simulaciones predijeron que una galaxia como la Vía Láctea tendría que estar rodeada de cientos de galaxias más pequeñas y brillantes, los remanentes de una larga historia de fusiones.[27] Pero estas galaxias satélite, como se las conoce, son en realidad mucho más raras; solo se ha observado una decena de ellas.

A principios de los años dos mil, cuando yo era un estudiante universitario, había una especie de cisma en la comunidad científica. La hipótesis de la materia oscura fría había demostrado su valía, y muchos cosmólogos creían que se iba por el buen camino —de hecho, constituía una parte central del temario de mis clases—, pero un significativo número de investigadores tenían la creciente inquietud de que algo no cuadraba. Se publicaron decenas de artículos académicos con ominosas advertencias que cuestionaban la solidez de los fundamentos de la cosmología. En principio, las nuevas simulaciones tendrían que haber generado confianza, pero lo cierto es que los artículos hablaban de una «crisis cósmica» refiriéndose a que los problemas de escala galáctica seguían amontonándose sin cesar.[28] Un experto en galaxias declaró a la revista *New Scientist* que los partidarios del universo oscuro se estaban «poniendo muy fantasiosos» y que había llegado la hora de desechar todos los fundamentos de la cosmología y empezar de nuevo.[29]

La subcuadrícula ineludible

No todo el mundo fue arrastrado por esa sensación de crisis, sin embargo. Durante una conferencia de 2005, mi futuro colaborador Fabio Governato mostró la imagen de una galaxia obtenida con una de sus simulaciones y declaró que todo estaba en orden.[30] Producir este tipo de imágenes implica calcular cómo generarán luz las estrellas y rastrear su origen más allá de las nubes de gas y polvo en busca de cualquier efecto de sombreado, y averiguar así cómo se vería la galaxia a través de un hipotético telescopio distante dentro del universo virtual. Este esfuerzo extra merece la pena porque permite hacer una comparación visual inmediata con la realidad.

Governato era optimista respecto a las tesis de la materia oscura fría y su capacidad para explicar el comportamiento de las galaxias, así que usó el resultado de sus simulaciones para mostrarlo. Recuerdo ver, durante su ponencia, un disco de estrellas y gas arremolinándose en torno a un mismo centro. En la imagen tenían la luminosidad adecuada y el número de pequeñas galaxias satélite que orbitaban a su alrededor parecía ser el correcto también. El perfeccionamiento, explicó Governato, se debía a las mejoras constantes en la resolución, unidas a un nuevo tratamiento de la retroalimentación estelar que explicaré enseguida. A pesar de ello, en aquel momento aquello no me impresionó mucho: el disco se veía borroso, se parecía vagamente a una galaxia, pero distaba mucho de esas obras maestras en espiral que los astrónomos solían fotografiar. La galaxia simulada estaba como hinchada, a diferencia de muchas galaxias reales, que son tan planas que observadas lateralmente son apenas un hilo luminoso, fino como el filo de una navaja.

El cáterin de ese día en el congreso resultó ser pizza al estilo estadounidense, y yo le pregunté a Governato, un orgulloso italiano, si sus monstruosas simulaciones no tenían la masa demasiado gorda, en lugar de la delicada masa fina que se les suponía. Con un deje de irritación, me respondió que otras simulaciones no llegaban ni a bolas de masa. Conectamos enseguida.

Ese año, varias simulaciones, incluyendo las de Governato, empezaron a producir resultados más próximos a lo observado en la realidad. Lo borroso de la imagen que me había llamado la atención resultó ser algo previsible: los superordenadores no eran lo suficientemente potentes todavía para reproducir el nivel de detalle y nitidez de una fotografía del espacio real. Así pues, había que considerar el paso de las bolas de masa a las pizzas de masa gorda como un éxito. Además, en ellas no había sido necesario modificar o descartar la materia oscura, como algunos reclamaban. En lugar de ello, la clave tenía que ver con la retroalimentación, con el efecto de depositar en el gas la energía procedente del calor de las estrellas y la luz.

Al principio, tratar de incluir la retroalimentación estelar en las simulaciones de hidrodinámica suavizada de partículas había resultado infructuoso. Ya en 1992 habían comenzado a incluirse en los programas grandes cantidades de energía estelar, pero esto había tenido poco impacto en las galaxias resultantes,[31] lo que supuso una decepción que entonces nadie tuvo muy claro cómo había que interpretar. Una de las razones principales para desarrollar aquel enfoque a partir de partículas virtuales había sido tratar de recrear correctamente la retroalimentación. Al combinarse con las leyes de la dinámica de fluidos, se esperaba que la energía simulada ralentizara la formación de estrellas y reconfigurara la galaxia. Pero si esa energía no tenía mucho efecto, tal vez las expectativas hubieran pecado de excesivo optimismo.

A principios de los años dos mil, un número creciente de expertos en simulaciones —entre los que estaba Governato— empezó a considerar que, si bien la retroalimentación seguía siendo importante, había que revisar los parámetros de la energía en las simulaciones.[32] En lugar de depositar la energía y de usar las leyes de fluidos para calcular las consecuencias, decidieron introducir reglas de subcuadrícula para maximizar el efecto de la energía. De primeras, lo de cambiar el código de la simulación solo porque los resultados eran inaceptables suena un poco loco, o no muy científico al menos; pero, aunque había algo de eso en la decisión, al mismo tiempo se había ido haciendo evidente que ninguna simulación sería capaz de capturar correctamente y con el detalle necesario la interacción entre las estrellas y el gas.

Las estrellas son un billón de veces más pequeñas que las galaxias que las contienen, por lo que, en realidad, su calor está extraordinariamente concentrado. En las simulaciones de los años noventa, los efectos producidos por una estrella se propagaban a través de su partícula virtual de gas más cercana, que, si bien es considerablemente más pequeña que una galaxia, sigue siendo mucho más grande que una estrella individual o que una supernova. La energía se estaba perdiendo en la simulación porque el ordenador no era capaz de representar su intenso y localizado efecto. El equipo de Governato, entre algunos otros, se había propuesto solucionar ese problema. Basándose en cálculos aproximados del efecto del intenso calentamiento, determinaron cómo debería comportarse la energía dentro de cada partícula e implementaron las reglas de subcuadrícula correspondientes.[33] Una vez incorporadas estas directrices, la retroalimentación estelar empezó a contrarrestar la gravedad, dificultando considerablemente la formación de nuevas estrellas, tal y como Larson había predicho que sucedería.[34]

Ya en la época de las pioneras investigaciones de Tinsley y de Larson, cuando las galaxias de las simulaciones consistían en un puñado de cifras, se había hecho patente la necesidad de contar con reglas de subcuadrícula ajustables. Ahora quedaba claro que incluso las sofisticadas simulaciones de hidrodinámica suavizada de partículas precisaban de estas directrices personalizadas, debido a la inevitable limitación de la resolución de los ordenadores. Gracias a esta modificación, en 2005 Governato pudo mostrar en una conferencia no solo una imagen, sino un impactante vídeo de la formación de su galaxia simulada. Como si se tratara de un puntero montaje a cámara rápida, durante un par de minutos el público pudo asistir a miles de millones de historia condensados y hacerse una idea de cuál es el proceso de conformación de una galaxia.

Montar un vídeo así implica producir miles de imágenes y secuenciarlas una detrás de otra para generar la impresión de movimiento. En la década de 2020 eso es algo habitual para muchos profesionales de la simulación informática, pero en aquel momento constituía una novedad impactante. Las imágenes logradas son bonitas y ayudan al espectador a comprender lo que nos muestran las simulaciones sobre la historia. Los vídeos suelen comenzar con un universo oscuro en el que van emergiendo gradualmente las líneas, todavía vagas, de una tenue red cósmica. A continuación, empiezan a aparecer a lo largo de la red chispitas de luz, a medida que se forman las primeras estrellas. Estos pequeños puntos luminosos van creciendo en tamaño y brillo a medida que a esas estrellas iniciales se van uniendo primero millones y luego miles de millones de ellas. Al intensificarse la gravedad, las islas de luz son atraídas por sus vecinas y se fusionan, conformando galaxias cada vez más grandes y más parecidas a las que pueblan el universo en la actualidad.

Pero ¿es esto algo más que un cuento de hadas de la factoría Pixar? Que las galaxias simuladas hoy en día tengan la apariencia correcta y que su conformación pueda dramatizarse en vídeos visualmente atractivos no tiene por qué implicar que las galaxias del universo real se formaran de esa manera. El movimiento de las estrellas y del gas está determinado por leyes físicas bien establecidas, pero eso no evita los problemas planteados por las subcuadrículas y sus controvertidas normas. Si las simulaciones no se basan solo en leyes físicas consolidadas, ¿qué es lo que estos vídeos, obtenidos a partir de sus resultados, pueden enseñarnos realmente en último término?

APRENDER DE LAS SIMULACIONES

En el fondo, la ciencia no trata de averiguar qué es lo correcto, sino de formular explicaciones que puedan ser probadas. El que fue mi director de tesis, Max Pettini, era ante todo un astrónomo observacional, pero había seguido de cerca la evolución de las simulaciones y me animó a comparar la historia que se mostraba en el vídeo de Governato con la realidad. Durante el transcurso de una vida humana, el cielo permanece prácticamente inalterado; el cosmos cambia a lo largo de millones o miles de millones de años, de manera que no podemos observar en tiempo real cómo se conforma una galaxia. Pero sí podemos, al menos, aprovechar la luz que nos llega para escrutar el pasado y estudiar galaxias tal y como eran hace mil, cinco mil o diez mil millones de años. Ese es el objetivo principal a la hora de capturar el campo profundo del Hubble, que demostró en 1995 que las galaxias no siempre han tenido la misma apariencia.

Las simulaciones sugieren que las galaxias regulares, como nuestra Vía Láctea, se conformaron hace miles de millones de años a partir de galaxias más pequeñas, esos diminutos puntos de luz que salpicaban la incipiente red cósmica en sus inicios. El problema es que todos estos pequeños fragmentos individuales son demasiado tenues para ser observados a través de las enormes distancias que hay que cubrir para remontarse tan atrás en el tiempo. Se asume que esa es la razón por la que el campo profundo del Hubble aparece tan vacío. Solo las galaxias más grandes, aquellas que alcanzan tamaños excepcionales, muy superiores al de la nuestra, pueden observarse de veras y aun usando telescopios espaciales. Es difícil verificar directamente la historia de la fusión de diminutas galaxias distantes; pero si no lo hacemos, tampoco podemos verificar si las simulaciones están contando qué sucedió en realidad.

Pettini sabe a la perfección cómo salvar este dilema: usa los telescopios no tanto para buscar las galaxias propiamente dichas, sino sus sombras. El universo está salpicado de una especie de faros muy brillantes conocidos como cuásares. Explicaré más sobre ellos en el siguiente capítulo, pero, por ahora, lo que nos interesa es su formidable luminosidad. Dado que los rayos que emiten son visibles en todo el universo, su luz ha atravesado todo el espacio y el tiempo intermedios antes de llegar a nosotros. Si, en su largo viaje, esta luz se topa con alguna galaxia diminuta, aunque esta contenga muy pocas estrellas, el gas en su interior crea una sombra.

Afortunadamente, el gas no oscurece la luz por completo, sino que bloquea tonos muy específicos según la composición química de la galaxia. Cuando los astrónomos producen un espectro de la luz procedente de los cuásares, por lo tanto, faltan ciertas pequeñas bandas de color, que reciben el nombre de «líneas de absorción». El resultado es una suerte de tarjeta de presentación que nos dice de manera inequívoca si la luz ha atravesado una o más galaxias en su viaje a lo largo del universo, e incluso puede darnos pistas de lo que hay dentro de ellas. El mensaje nos llega incluso aunque esas antiguas galaxias sean muy tenues, pues basta con que brille el cuásar que actúa como faro.

La investigación en la que me embarqué para mi doctorado consistía en estudiar si esas huellas del ensamblaje galáctico estaban siendo predichas correctamente por las simulaciones de Governato. Durante los primeros meses, me divirtió trabajar con estas, en parte tal vez porque me permitieron acceder a ordenadores muy potentes. Empecé a crear un código informático que predijera las líneas de absorción que tendrían que revelar las galaxias simuladas, y luego estas podrían compararse con las típicas líneas observadas por los astrónomos.

Al mismo tiempo que aprendía cómo funcionaban las simulaciones en la práctica, sin embargo, empecé a albergar cierto escepticismo. La materia y la energía oscuras representaban ya bastantes problemas de por sí, aunque para entonces había admitido a regañadientes que las pruebas de su existencia eran bastante sólidas. A todo eso había que añadir la asunción de que el gas del universo se puede representar virtualmente en forma de partículas gigantes. Esto, al menos, se basa en las muy fiables leyes de la dinámica de fluidos, si bien pasa por alto todos los detalles a pequeña escala que el ordenador no puede ajustar. Y por último, estaba la subcuadrícula, que se encarga de todo aquello con lo que la simulación no podría lidiar de otra manera, proporcionando así un reemplazo imperfecto de todos los parámetros que faltan y que luego se van ajustando hasta que las galaxias virtuales se corresponden con las reales actuales. Sumado, todo esto me parecía un poco precario y empecé a preguntarme si las simulaciones valían realmente para algo.

Después de escribir miles de líneas de código y no obtener ningún resultado útil, me harté y pedí que me cambiaran a un proyecto diferente. Me pasé casi un año trabajando en otro sin apenas relación (sobre el que volveré en el capítulo 6), pero terminé por darme cuenta de que era una tontería desperdiciar todo el código que había escrito, así que retomé las simulaciones. En ese punto, mi escepticismo era tal que esperaba que los resultados mostraran una desastrosa disparidad respecto de la realidad. Me había convencido a mí mismo de que las simulaciones eran un timo.

Para mi asombro, sin embargo, las imágenes resultaron adecuarse a la realidad. Es más, también explicaron algo que llevaba tiempo preocupando a los astrónomos: las observaciones de sombras muy distantes y antiguas mostraban pocos indicios de la presencia de elementos pesados. La concentración de carbono, oxígeno, hierro y silicio era treinta veces menor que la existente en la Vía Láctea. La ausencia de estos átomos tan cruciales se reflejaba también en las simulaciones y podíamos explicar por qué: esos elementos se fabrican en las estrellas, de las cuales solo unas pocas se habían formado en las sombrías y diminutas galaxias del cosmos temprano. Y solo más tarde se acumularon en cantidad suficiente dentro de las galaxias en proceso de fusión, posibilitando que surgieran planetas como el nuestro.

Todavía hoy me siento perplejo al ver que todo esto funciona y tiene sentido. La observación de Richard Ellis, realizada en 1998, de que las reglas de retroalimentación de la simulación podían ajustarse para adaptarse a las observaciones era correcta. Yo me la había tomado muy en serio, pero hasta entonces nadie había jugueteado con ellas para poder reproducir sombras que, al centrarse en los fragmentos más tenues y distantes de las galaxias modernas, revelaban otra parte de la historia de la creación galáctica. Las simulaciones podían, por lo tanto, realizar una predicción genuina en ese terreno, una predicción que no solo concordaba con la realidad, sino que también la explicaba. El resultado era una impresionante prueba de que, a pesar de todos sus fallos, las simulaciones son capaces de tejer un relato de la historia del cosmos que se aproxima mucho a la realidad.

Daré otro ejemplo de cómo las simulaciones me han sorprendido más de una vez en mi carrera como investigador. Sabemos que a medida que se incrementa la potencia de los ordenadores, aumenta la resolución de las simulaciones, lo cual ofrece la posibilidad de añadir detalles a pequeña escala que permiten obtener recreaciones más realistas. Así las cosas, en 2010 estaba visitando a Governato en Seattle cuando me mostró algunos vídeos de las últimas simulaciones en las que había estado trabajando y en las que la retroalimentación estelar había dado un giro inesperado. La energía que supuestamente tenía que impedir que el gas formara nuevas estrellas se había tornado violenta y estaba expulsándolo de las galaxias, a miles de años luz. Aquello no se debía a cambios en las reglas de la subcuadrícula, sino a que la creciente resolución de las simulaciones permitía que la fuerza explosiva de la energía de las estrellas tuviera un efecto todavía mayor.

La verdadera sorpresa, sin embargo, fue que, cuando este gas era expulsado de las galaxias en el estallido, parecía arrastrar consigo materia oscura. Desde la década de 1990, a los astrónomos les preocupaba que las galaxias reales, especialmente las más pequeñas, parecían contener en su centro menos materia oscura de lo que predecían las simulaciones. Ahora, los nuevos resultados mostraban lo mismo; ya no existía la disparidad respecto de la realidad, expuesta hasta entonces como un motivo para recelar de la materia oscura. Y queríamos saber por qué.

No se había agregado nada nuevo a las simulaciones que pudiera alterar el comportamiento de la materia oscura, por lo que aquello tenía que ser una consecuencia imprevista de combinar una mayor resolución con las leyes físicas existentes y los parámetros de la subcuadrícula. En el transcurso de una semana, nos reunimos varias veces en algunas de las cafeterías hípster favoritas de Governato y, al analizar en detalle las simulaciones, nos dimos cuenta de que lo que sucedía en las galaxias pequeñas no era que el gas se escapara, sino que primero era expulsado y luego atraído de nuevo hacia el interior, y así una y otra vez. Con cada ciclo, este llevaba consigo un poco más de materia oscura, como si fuera una cinta transportadora que cargara el material eficientemente excavado. Publicamos un artículo formulando la hipótesis de que, en el universo real, las galaxias pequeñas también repiten el ciclo por el que se forman las estrellas, expulsando gas cada vez y luego permaneciendo inactivas mientras el gas retorna.[35] Observaciones posteriores confirmaron nuestra suposición.[36] Se trata de procesos acaecidos hace millones o miles de millones de años, pero que fueron predichos por las simulaciones antes de ser observados en la realidad.

Resultados como estos son los que otorgan relevancia a las simulaciones, porque si bien nunca hay que tomarse al pie de la letra todo lo que nos muestran —al fin y al cabo, tenemos que hacer algunas trampas para meter una galaxia en un ordenador—, si podemos hacer predicciones que coincidan con lo observado en el universo real, podemos empezar a confiar en la historia que nos cuentan los modelos informáticos.

Y esa historia es la siguiente. La materia oscura rigió toda la creación al provocar, en primer lugar, la formación de pequeños conglomerados de gas a partir de los cuales se originaron las primeras estrellas. Con el tiempo, las minúsculas galaxias resultantes colisionaron y se fusionaron entre sí formando estructuras más y más grandes, guiadas de nuevo por la influencia de la materia oscura. Entre tanto, y a medida que iban muriendo las sucesivas generaciones de estrellas, las galaxias fueron acumulando una creciente provisión de elementos como carbono y oxígeno. Llegado cierto punto, existía material suficiente para la formación de planetas rocosos, como la Tierra, en torno a las estrellas. Parece claro que, sin la decisiva participación de la materia oscura en todo este proceso (tanto en la formación de estrellas como en el fuerte control gravitatorio que ejerce sobre los elementos que estas fabrican), no estaríamos aquí. Las simulaciones nos han demostrado que nuestra existencia depende estrechamente de lo invisible.

EL MISTERIO DE LA DIVERSIDAD

Transcurridos casi sesenta años desde que Tinsley escribiera su tesis y más de ochenta desde que Holmberg apagara las luces de su laboratorio, las simulaciones galácticas que combinan aspectos de los pioneros métodos de ambos se han convertido en algo corriente. A medida que aumenta la potencia de los ordenadores y mejoran los códigos empleados en las simulaciones, vamos aprendiendo cada vez más de las islas de luz que pueblan nuestro universo. La materia oscura es su ingrediente principal, pues el efecto gravitatorio que crea da lugar a las aglomeraciones de gas y este, a su vez, constituye el combustible para la generación de estrellas. En lo que respecta al propio gas, las tres leyes de la dinámica de fluidos siguen siendo de aplicación válida, si bien han de combinarse con algunos trucos para concentrar los recursos del ordenador allí donde son más necesarios. Por último, la energía de las estrellas se recrea cuidadosamente empleando reglas de subcuadrícula, de modo que las galaxias regulen su propia formación. Sin este proceso retroactivo, los universos virtuales serían demasiado brillantes y se parecerían poco, por tanto, al oscuro y disperso cosmos que habitamos.

Las simulaciones se basan en una receta ecléctica: dependen a partes iguales de la física, de los trucos informáticos y de los ajustes para adaptarlas a lo que ya conocemos. Esta mezcla tan inusual de rasgos conlleva que la elaboración de predicciones y explicaciones a partir de los resultados de las simulaciones requiera meticulosidad y experiencia. Sería tentador presentar los modelos informáticos como herramientas que nos dan una visión directa de la realidad, pero a estas alturas debería haber quedado claro que, de hacerlo, incurriríamos en una simplificación excesiva. Saber distinguir lo que es una predicción de lo que es una asunción, lo que resulta fiable y lo que no, constituye una especialidad en sí misma y, a menudo, puede suscitar controversias: aún quedan expertos en el mundo que siguen dudando de que las simulaciones sirvan para algo.

Aunque puedo llegar a empatizar con esa postura, creo también que ha dejado de estar justificada. Las rompedoras simulaciones de Tinsley fueron capaces de revolucionar la cosmología mucho antes de que se comprendieran bien los mecanismos de evolución de las galaxias y de regulación de la formación de estrellas. Su golpe maestro fue entender que las simulaciones no tienen que ser exactísimas para ser útiles. En la actualidad, de hecho, todavía distan mucho de ofrecer una recreación perfecta de la historia del cosmos, pero sirven para hacer predicciones acerca del presente y el pasado de nuestro universo, y muchas de ellas han sido acertadas. He expuesto algunos ejemplos de estos hallazgos, extraídos de mi propia experiencia, en la que he pasado del entusiasmo al escepticismo y vuelta a empezar.

Como mínimo, las simulaciones demuestran que las nociones de materia y energía oscuras pueden integrarse en un relato coherente del origen de las galaxias. Esa historia sirve para unir los puntos que van desde los primeros instantes del universo hasta el surgimiento de la vastísima red cósmica, así como de las galaxias, estrellas y planetas que esta contiene. Si atendemos a lo que nos muestran los telescopios más potentes, cabe afirmar que dicho relato es correcto al menos en términos generales, lo cual constituye por sí mismo un logro nada desdeñable. Pues supone, en efecto, reescribir el libro del Génesis con más precisión de la que Sandage soñara nunca.

Por otro lado, sin embargo, cabe recordar que en ciencia nada está cerrado del todo nunca y que todas la ideas y teorías que hoy están ampliamente aceptadas son susceptibles de ser revisadas con el tiempo. Encontrar lo que falla en las simulaciones es más importante que alabar lo que sí funciona: las pequeñas grietas en el edificio de la cosmología moderna dan esperanza a los físicos teóricos más imaginativos que quieren reinventar la materia oscura. Hasta ahora, la mayoría de estas fisuras han sido reparadas afinando más la subcuadrícula, pero no hay razón para que este proceso sea infinito; tal vez llegue el día en que encontremos algo que solo pueda ser explicado revisando los ingredientes que componen el universo.

Hay muchas cosas que ni los astrónomos ni los simuladores cósmicos pueden explicar con certeza todavía. Encabezando esta lista de incógnitas está la cuestión de la increíble variedad de galaxias. Algunas son grandes y otras son pequeñas, algo que no resulta sorprendente si tenemos en cuenta que su escala depende del tamaño del halo de materia oscura que las aloja. Pero resulta más incomprensible que en algunas se sigan formando nuevas estrellas (como sucede en la Vía Láctea) y en otras, no. ¿Cómo emergieron estas diferencias?

El campo profundo del Hubble permitió atisbar, en 1995, cómo cambian las galaxias a lo largo del tiempo, si bien desde la perspectiva actual su logro, capturar algunos miles de las galaxias más brillantes, parezca una empresa menor. Hoy existen telescopios automatizados, como el Sloan Digital Sky Survey (inaugurado en el año 2000), capaces de recopilar información sobre millones de galaxias. Estas han demostrado poseer una diversidad asombrosa, tanto en lo que respecta al tamaño como al color, la forma, masa, composición química, luminosidad, velocidad de rotación... Los astrónomos apenas han comenzado a clasificar estas variaciones, cada una de las cuales deja una reveladora impronta en la luz que las atraviesa que luego podemos comparar con las imágenes y vídeos producidos por las simulaciones. A lo largo de esta década de 2020, el telescopio espacial James Webb nos mostrará imágenes del universo aún más remotas y antiguas de las que capturó el Hubble, mientras que el observatorio Vera Rubin (bautizado en honor a la pionera de la materia oscura) recopilará información sobre los *veinte mil millones* de galaxias más próximas a la nuestra.

A pesar de todo lo que ya sabemos, estos punteros proyectos pueden depararnos nuevas sorpresas. Desde luego, conviene ser prudentes, pues, como el campo profundo del Hubble nos enseñó ya, no podemos estar completamente seguros de lo que encontraremos al franquear nuevas fronteras, por lo que requerirá tiempo y paciencia interpretar cómo y dónde encajan los nuevos datos en el relato construido con ayuda de las simulaciones. Sea como sea, cabe esperar que en 2030 la historia de la formación de galaxias sea mucho más rica y matizada de la que manejamos hoy.

Entre los veinte mil millones de galaxias que estudiaremos no habrá dos exactamente iguales. Dado que, hasta donde sabemos, todas ellas se conforman según las mismas leyes físicas, sus diferencias solo pueden proceder de las condiciones iniciales de su formación; es decir, cada una de ellas tuvo que originarse de una manera ligeramente diferente a comienzos del universo. Hablaré más sobre estas diferencias en el capítulo 6, pero baste decir por ahora que son extraordinariamente pequeñas y sutiles. ¿Podemos explicar cómo estas minúsculas distinciones tempranas se amplificaron hasta constituir la asombrosa e inagotable diversidad que podemos admirar hoy?

Existe un amplio abanico de efectos físicos que las simulaciones todavía no incluyen en sus programas, pero que probablemente contribuyan a que ninguna galaxia sea idéntica a otra. Si alguna vez te da por asistir a un congreso sobre simulaciones de formaciones de galaxias, verás a un montón de físicos volviéndose locos con abstrusos detalles de la subcuadrícula relacionados con los campos magnéticos, los rayos cósmicos, los vientos estelares o el polvo espacial.

Pero, por encima del resto, existe otro ingrediente caprichoso que todavía no he mencionado y que tiene la capacidad de destruir algunas galaxias al tiempo que permite que otras florezcan. Me estoy refiriendo a la mayor fuente de energía conocida del universo, a las superestrellas de la física teórica, capaces de fascinar por igual a escolares y a catedráticos de Matemáticas. Hablo de los agujeros negros y, como mostraré a continuación, las galaxias no podrían existir sin ellos.

4

Agujeros negros

En principio, el concepto de agujero negro es muy simple. Se trata de una región del espacio tan densamente saturada de materia que la gravedad se desata en ella con una fuerza abrumadora. Nada en el interior de un agujero negro puede escapar de él y regresar al universo, ni siquiera la luz (de ahí el calificativo de «negro»).

Cuando era un estudiante universitario, me apasionaba aprender cosas sobre los agujeros negros. El tema constituye el sumun de cómo pueden combinarse la física y las matemáticas para desentrañar el universo. En la historia resumida y depurada que se suele impartir a los estudiantes, Albert Einstein ideó una nueva teoría de la gravedad en 1915; un año después, un físico llamado Karl Schwarzschild se dio cuenta de que la teoría implicaba la existencia de agujeros negros, momento a partir del cual los astrónomos empezaron a buscarlos. En realidad, su detección tardó décadas en desarrollarse, en parte porque para ello hacían falta simulaciones lo suficientemente sofisticadas. Solo ahora comenzamos a entender los profundos efectos que los agujeros negros tienen en el universo.

Aunque los agujeros negros puedan parecer de primeras un *mcguffin* propio de una historia de ciencia ficción, existen de verdad. Probarlo no es sencillo —no se puede ver algo que, por definición, no deja escapar luz—, pero con un telescopio lo suficientemente potente es posible monitorizar el gas y las estrellas que rodean un hipotético agujero negro y detectar la acción de las inmensas fuerzas gravitatorias. Más fáciles de detectar todavía son las distorsiones que generan los agujeros negros en el espacio cuando colisionan, ya que se expanden de manera centrífuga, como si fueran las ondas de un estanque cuando lanzas una piedra. Estas ondas gravitatorias viajan a través del cosmos y han sido detectadas en su paso a través de la Tierra.

Como resultado de todo ello, a lo largo de la última década se ha podido certificar la existencia de los agujeros negros más allá de cualquier duda razonable. Los premios Nobel de Física de 2017 y 2020 se otorgaron a un total de seis investigadores que han sido pioneros en aportar nuevas pruebas en ese sentido. Dos de ellos, Andrea Ghez y Reinhard Genzel, encontraron un agujero negro espectacular, con una masa millones de veces mayor que la del Sol, acechando amenazador en el centro de nuestra propia galaxia. Los astrónomos lo han calificado como «supermasivo».

Estos agujeros negros de tamaño gigantesco se han ido convirtiendo en una parte central de mi propio trabajo, porque parece que la mayoría de las galaxias contiene uno en su centro. De dónde proceden exactamente es una pregunta todavía sin respuesta que las simulaciones tal vez puedan ayudarnos a resolver en algún momento. Mientras tanto, sabemos que pueden permanecer a la espera durante miles de millones de años antes de destruir súbitamente la galaxia que los había estado alimentando. El problema no consiste tanto en la fuerza de atracción directa que ejercen los agujeros negros, ya que el efecto gravitatorio solo es poderoso en sus cercanías, sino en su capacidad para emitir intensos haces de radiación que arrancan el gas del corazón de la galaxia que los alberga, desabasteciéndola del combustible necesario para formar nuevas generaciones de estrellas (las existentes todavía tardarán miles de millones en extinguirse, por lo que se trata de una muerte lenta).

Solo comprendemos parcialmente cómo interactúan las galaxias y los agujeros negros. Intentar recrear los agujeros negros de manera exacta es una ardua tarea informática, sobre todo si tenemos en cuenta que el radio de un agujero negro supermasivo es unos cincuenta mil millones de veces más pequeño que el de la galaxia que lo contiene. Dado el enorme contraste, la única manera de incluir uno de ellos en una simulación de escala cosmológica es añadir una serie de reglas de subcuadrícula, igual que con las estrellas.

Otra opción es olvidarse temporalmente del resto de la galaxia y concentrar los esfuerzos del ordenador en uno o dos agujeros negros. En este caso, se puede emplear una cuadrícula especializada, cuya escala se ajuste a la tarea en curso. Pero también este método requiere usar trucos que conviertan la célebre e impactante teoría de Einstein sobre la gravedad, la teoría de la relatividad general, en algo que el ordenador pueda manejar.

La teoría ha sido comprobada y verificada, pero tiene extrañas consecuencias, como que el tiempo no es el mismo para todos, que la materia puede acumularse en un punto infinitamente denso o que los agujeros negros tienen unos primos excéntricos conocidos como «agujeros de gusano» que, en teoría, actúan como atajos entre diferentes partes del universo. Tomarse en serio semejantes absurdeces requiere un notable esfuerzo de la imaginación; un esfuerzo que comenzó a mediados de la Primera Guerra Mundial.

Estrellas que colapsan

Lewis Fry Richardson, el pionero de las predicciones meteorológicas, no fue el único físico con una gran intuición que sirvió en el frente durante la guerra. En las trincheras del otro bando combatía un hombre que no podía ser más diferente en carácter al inglés, Karl Schwarzschild. A diferencia del retraído Richardson, el alemán era extrovertido y vivaz. Durante su época como director del observatorio de Gotinga, había celebrado allí fiestas escandalosas.[1] Lejos de ser un pacifista, se ofreció como voluntario para el servicio militar, algo por completo innecesario en su caso, dado que por entonces tenía ya cuarenta años y trabajaba en los círculos internos del Gobierno. En el Ejército desempeñó diversas funciones, así como también en el frente, donde trabajó calculando trayectorias de misiles.

Schwarzschild estaba fascinado por las estrellas y por la teoría de la relatividad general, que Einstein había perfeccionado a finales de 1915. A comienzos del año siguiente, escribió dos artículos académicos en los que usaba la teoría de su compatriota para describir la gravedad que opera en torno a las estrellas y una extraña consecuencia que había descubierto: la densidad que podía alcanzar una estrella tenía un límite.[2] Schwarzschild argumentaba que si el Sol tuviera menos de tres kilómetros de radio (cuatro millonésimas de su tamaño actual), no existiría fuerza capaz de sostenerlo y que era imposible, por tanto, que existieran estrellas de tamaños tan pequeños.[3] Impresiona la rapidez con la que Schwarzschild alumbró estas conclusiones, sobre todo si tenemos en cuenta sus circunstancias. No solo estaba en mitad de una guerra, sino que también había desarrollado pénfigo, una enfermedad autoinmune que causa lesiones cutáneas muy dolorosas. Solo una semana después de la publicación de su trabajo, Schwarzschild falleció por complicaciones derivadas de dicha enfermedad.[4]

Sus cálculos impresionaron a Einstein, pero ni siquiera él supo qué hacer con el tamaño mínimo de las estrellas. Se trataba de un hallazgo extraño y al que no se dio mucha importancia, ya que pocos físicos contemplaban la posibilidad de que un cuerpo celeste pudiera encogerse tan drásticamente. Habrían de transcurrir décadas antes de que se certificara que las estrellas sí podían contraerse más allá del límite impuesto por el radio de Schwarzschild, esos cruciales tres kilómetros, y que toda la materia restante era aplastada y comprimida en su centro, de modo que nada, ni siquiera la luz, podía escapar. En otras palabras, estas estrellas se convertían en agujeros negros.

Parece increíble que una conclusión tan importante pudiera ser pasada por alto durante tanto tiempo, pero todo se reduce a la enorme dificultad que entraña la comprensión de las ecuaciones. Sobre el papel, las fórmulas de la relatividad general de Einstein consisten en un puñado de símbolos elegantes, hermosos incluso. Pero su sencilla apariencia oculta una complejidad extrema: cada símbolo representa múltiples capas de estrategias matemáticas con las que se podrían llenar libros enteros. Schwarzschild había resuelto esas ecuaciones aplicándolas al caso particular de una estrella esférica estable, pero se trataba eminentemente de un ejercicio matemático: convertir algo así en una explicación física requiere mucho trabajo adicional. En la *Guía del autoestopista galáctico*, de Douglas Adams, una computadora ofrece la solución al «sentido de la vida, el universo y todo lo demás». La respuesta, supuestamente, es «42», una solución que la máquina defiende, aunque no satisfaga a nadie. Resolver las ecuaciones de Einstein puede ser parecido: aun cuando se obtengan resultados matemáticamente irrefutables, su significado puede seguir siendo oscuro porque las variables implicadas en la operación son muy complejas en sí mismas. Y si la resolución matemática es difícil, la interpretación del resultado es aún más complicada.

Los primeros físicos en proponer seriamente que las estrellas colapsarían al exceder el radio crítico de Schwarzschild, formando agujeros negros en el espacio, fueron J. Robert Oppenheimer y su alumno Hartland Snyder en 1939. En ese momento, el famoso físico tenía unos diez estudiantes a su cargo, todos trabajando en diferentes temas. Uno de los grandes talentos de Oppenheimer era detectar líneas de investigación inusuales e interesantes.[5] A Snyder le encomendó averiguar lo que pasaría con una estrella que se quedara sin energía. Se trataba de una cuestión en apariencia abstrusa, pero Oppenheimer intuía que la respuesta podía tener profundas implicaciones en el campo de la física teórica.

Las estrellas normales se encuentran en un delicado equilibrio entre la gravedad, que atrae, y la presión, que repele, pero las presiones requeridas solo pueden ser generadas por altísimas temperaturas y, una vez se agota el combustible nuclear, la estrella se enfría rápidamente y pierde ese estado de equilibrio. Oppenheimer y Snyder demostraron que, en ausencia total de presión, una estrella colapsaría sobre sí misma, reduciendo su tamaño por debajo del radio crítico de Schwarzschild. «La estrella tiende así a cerrar toda comunicación con un observador distante; solo persiste su campo gravitatorio», explicaron, describiendo por primera vez las características propias de un agujero negro.[6]

Pero el asunto no acababa aquí, porque la idea de una estrella que pierde toda su presión no dejaba de ser una simplificación excesiva. Otro alumno de Oppenheimer mostró que, en las circunstancias adecuadas, las estrellas muertas también podían explotar, dejando tras de sí «estrellas de neutrones», densas pero visibles, sostenidas por la presión de las fuerzas nucleares.[7] El verdadero destino de las estrellas dependía de un complicadísimo amasijo de detalles relacionados con cómo interactúan las diferentes partes de una estrella moribunda. Se trata del típico problema que se analiza mucho mejor con una simulación, pero era 1939 y todavía no había ordenadores.

El estallido de la Segunda Guerra Mundial detuvo abruptamente las investigaciones sobre los agujeros negros. La mayoría de los expertos, Oppenheimer incluido, se involucraron en el Proyecto Manhattan, si bien algunos de ellos rechazaban el desarrollo de armamento nuclear (Oppenheimer, a pesar de ser una figura clave, parecía albergar más dudas al respecto que muchos de sus colegas, razón por la que el FBI recelaba de él).[8] La aparición, hacia el final de la guerra, de la computadora ENIAC —capaz tanto de realizar cálculos para bombas atómicas como predicciones meteorológicas— podría haber contribuido a desentrañar los misterios de las estrellas masivas, pero los físicos se vieron arrastrados entonces por el comienzo de la Guerra Fría y por las prisas para desarrollar la bomba de hidrógeno. Así las cosas, pasaron dos décadas antes de que se emplearan las simulaciones para investigar la vida y muerte de las estrellas masivas, y solo porque también este tema se vio envuelto en las crecientes tensiones políticas. En efecto, en un extraño giro del destino, la perspectiva de una posible guerra nuclear hizo que comprender la muerte de las estrellas fuera de repente más importante que nunca.

SIMULACIONES DE AGUJEROS NEGROS

La conexión entre la guerra y la investigación espacial pasó a un primer plano en 1955, cuando Estados Unidos, el Reino Unido y la Unión Soviética comenzaron a probar dispositivos termonucleares en la atmósfera terrestre, lo que generó una gran preocupación sobre los efectos perniciosos que aquello podía tener en la salud humana. El Departamento de Estado de Estados Unidos pidió a Stirling Colgate, un experto en armas nucleares del Laboratorio Nacional de Livermore, que actuara como consultor durante las negociaciones de un tratado internacional para la prohibición parcial de pruebas nucleares.[9]

Colgate podría haber escogido una carrera profesional muy diferente. Su padre y sus tíos habían fundado la famosa compañía de pasta de dientes, que estaba creciendo rápidamente, pero al joven Stirling le había entrado el gusanillo de la física mientras estudiaba en la diminuta escuela Los Álamos Ranch.[10] Dio la casualidad de que esta fue comprada en 1942 por el Ejército de Estados Unidos, que quería usar el terreno para montar un laboratorio secreto de armas nucleares. Colgate supo enseguida que allí se estaba cociendo algo: vio a físicos famosos deambulando por el recinto, a los que reconoció por las fotografías de sus libros de texto, aunque se condujeran con secretismo y ocultaran su verdadera identidad usando seudónimos.[11] Una década más tarde, él mismo sería uno de aquellos físicos, y tendría un papel clave en el proyecto.

Como asesor en la negociación del tratado, Colgate sabía que, para ser efectiva, cualquier prohibición de pruebas termonucleares requeriría de un sistema de monitorización fiable. El problema era que las explosiones de estrellas moribundas localizadas mucho más allá de nuestro sistema solar podían generar un destello de radiación muy similar al de una bomba detonada en la atmósfera superior. Aunque estos destellos cósmicos eran intrínsecamente mucho más brillantes que los de las bombas, al ser atenuados por la inmensa distancia que los separaba de la Tierra corrían el riesgo de ser confundidos con el de las armas y, por tanto, de crear falsas alarmas. Cuando compartió esta preocupación con el resto de los negociadores, «produjo una gran consternación entre la delegación soviética. Y quiero decir verdadera consternación; la idea los cogió completamente por sorpresa».[12] Las consecuencias que podía comportar una escalada de malentendidos a ese respecto eran mortíferas, de modo que era crucial poder distinguir entre la muerte de una estrella en el espacio profundo y una explosión nuclear ocurrida justo encima de la Tierra.

Colgate reunió a un equipo con el fin de modificar el enfoque de las simulaciones de armas nucleares ya existentes, ya que la base física del modelo era prácticamente la misma. Ya se trate de la explosión de una bomba nuclear o del colapso de una estrella, las simulaciones dividen el problema en una serie de esferas imaginarias anidadas concéntricamente, y a continuación analizan cómo interactúa cada una con las demás. El método reducía un complejo problema tridimensional a una serie de esferas perfectas, por lo que corría el riesgo de omitir detalles esenciales, pero en ese momento, incluso contando con los potentes ordenadores de que disponía el Ejército, se trataba de la única opción viable.

Una vez se hubieron adaptado al nuevo problema, las simulaciones mostraron que cuando una estrella se queda sin combustible su centro empieza a colapsarse. En sí, aquello no suponía ninguna sorpresa, pero lo que ocurriera después dependía en gran medida de la masa de las estrellas que estaban siendo simuladas. Si eran lo suficientemente pequeñas, cuando los núcleos de los átomos entraban en contacto entre sí, rebotaban, como si tratáramos de meter demasiadas canicas en una caja muy pequeña y se desbordaran. A continuación, se producía una onda de choque masiva que expulsaba las capas externas de la estrella casi a la velocidad de la luz. Eso es lo que conocemos como una supernova.

Colgate había predicho que esas explosiones espaciales serían detectadas por los satélites militares y se demostró que llevaba razón, aunque, por suerte, la señal resultó ser notablemente diferente a la de una bomba nuclear.[13] Los estratos estelares arrojados al espacio brillan con una intensidad extraordinaria al principio y luego se desvanecen con el tiempo. La llamada «nebulosa del Cangrejo» es un bello ejemplo de una supernova cercana que, mil años después de su explosión inicial (visible desde la Tierra en su día y registrada por astrónomos chinos y japoneses),[14] continúa brillando a medida que se enfría y va expandiéndose en el espacio circundante. La estrella restante, con una masa mucho menor, es diminuta pero estable: una estrella de neutrones cien billones de veces más densa que el Sol.

En las simulaciones de estrellas masivas, sin embargo, el núcleo de estas sigue contrayéndose después; de modo que ni siquiera las fuerzas nucleares son suficientes para revertir el proceso. Cuando las densidades se vuelven tan altas, la relatividad general comienza a desviarse cada vez más de la antigua teoría de la gravedad, la de Newton. Teniendo esto en cuenta, dos de los miembros del equipo de Colgate, Richard White y Michael May, incorporaron las ecuaciones de Einstein en el código.[15] Pero los cambios tampoco pudieron detener el colapso. Así, se hizo manifiesto que, una vez su núcleo comenzara a contraerse, las estrellas lo bastante masivas resultarían aplastadas en menos de un segundo. Los agujeros negros eran, por tanto, una consecuencia natural e inevitable de la teoría de Einstein.

Adaptar los programas para simular el colapso de estrellas en lugar de armas nucleares fue relativamente sencillo y no encontró trabas. Aun así, hasta 2005 no se completó el siguiente paso: recrear la colisión de dos agujeros negros para estudiar la producción de ondas gravitatorias. La relatividad es un tema enorme, su aprendizaje lleva años y su dominio, décadas. Cuando simulamos más de un agujero negro, algunas de las características más extrañas de estos fenómenos cobran una importancia mucho mayor. Para intentar explicar por qué diseñar una simulación de este tipo requiere un dominio exhaustivo de la teoría de la relatividad, voy a presentar dos de sus características principales: la maleabilidad del tiempo y la existencia de singularidades.

En primer lugar, el paso del tiempo —un ingrediente crucial de las simulaciones— depende de la forma en que se observe un agujero negro. La simulación desarrollada por May y White estaba concebida desde la perspectiva de un desafortunado astronauta que cae al vacío junto a la propia estrella que colapsa. Sin embargo, observada esta situación desde la distancia por un astrónomo a salvo en su laboratorio, el escenario simulado se ve de manera muy diferente. A medida que la estrella moribunda alcanza el radio de Schwarzschild, el flujo del tiempo se interrumpe y el colapso parece ralentizarse hasta congelarse. Entonces la estrella va desapareciendo gradualmente de la vista. No hay ninguna señal exterior del colapso infinito que acontece en el interior, solo una esfera inmóvil y oscura.

Esto podría parecer una especie de ilusión óptica, pero según la teoría de la relatividad, el tiempo no transcurre igual para el astronauta que cae en un agujero negro que para el astrónomo que lo observa todo desde fuera. Se trata de un efecto que los físicos han demostrado, en una escala mucho más pequeña, comparando relojes ultraprecisos situados en la superficie de la Tierra con relojes idénticos que habían pasado sesenta horas volando en una aeronave a gran velocidad y a gran altura sobre nuestro planeta.[16] Estos experimentos han confirmado que el tiempo pasa de diferente forma dependiendo de nuestra posición y de la velocidad a la que nos movamos. Por esa razón, los resultados de cualquier simulación deben ser interpretados cuidadosamente para distinguir entre diferentes temporalidades.

Si este aspecto ya resulta confuso de por sí, hay que añadirle otra consecuencia de la relatividad todavía más problemática. Consideremos la materia que hay en juego en la simulación de May y White: nada puede impedir su colapso hacia el interior del astro, de modo que se va acumulando en el centro absoluto. A medida que la estrella se hace cada vez más pequeña, la densidad y la presión de la materia acumulada en ella se dispara hasta tal punto que ya no puede ser calculada con sentido. Eso es lo que se conoce con el nombre de «singularidad».

Las singularidades son siempre un problemón. Si tratas de concentrar toda la masa de una estrella en único punto del espacio, las ecuaciones pertinentes dicen que la densidad en ese punto ha de ser infinita. Y los ordenadores tienen muchas dificultades para lidiar con la noción de infinito, porque no se ajusta a las reglas aritméticas normales. En una singularidad, una presión infinita pugna infinitamente por expulsar la materia, pero no lo consigue porque la gravedad ejerce también una resistencia infinita. Dos fuerzas infinitas opuestas, sin embargo, no tienen por qué anularse la una a la otra. Los matemáticos saben que infinito menos infinito, por desgracia, no es igual a cero. El resultado es incierto.

Esta naturaleza impalpable de las singularidades se puede ilustrar muy bien con una anécdota referida por el filósofo chino Han Fei en el siglo III a. e. c., en la que describía a un vendedor de armas que aseguraba vender escudos impenetrables y flechas tan afiladas que podían atravesar cualquier objeto. «¿Y qué pasa si usamos tus flechas para atravesar tus escudos?», interviene uno de los presentes, dejando al vendedor desconcertado.[17] Una singularidad es algo parecido a una flecha imparable chocando contra un escudo impenetrable, y los matemáticos son tan incapaces de explicar qué sucede después de esto como el vendedor del cuento. Tan pronto como aparece una singularidad en una simulación, las leyes aritméticas dejan de tener valor.

May y White lidiaban con este obstáculo deteniendo la simulación cada vez que aparecía una singularidad. En su caso, no pasaba nada porque sus conclusiones se centraban en lo que sucedía durante los microsegundos previos a ese instante decisivo. Hoy, sin embargo, las pruebas más sólidas que tenemos de la existencia de agujeros negros proceden de las ondas gravitatorias producidas cuando dos antiguos agujeros negros se atraen y colisionan entre sí. Para simular estas ondas hace falta que el ordenador sea capaz de recrear agujeros negros que existieron durante millones de años antes de colisionar.

Eso requiere un plan todavía más sofisticado para sortear los obstáculos que plantean las singularidades, algo que no se conseguiría hasta el siglo XXI. La solución se basó en la más extraña de las implicaciones de la teoría de la relatividad que voy a tratar aquí: los agujeros de gusano, portales que conectan diferentes partes del universo.

Ondas y agujeros de gusano

La estrategia que emplean las simulaciones actuales para sortear las singularidades tiene un gozoso aire a ciencia ficción. Einstein escribió un artículo académico junto a su asistente, Nathan Rosen, sugiriendo que los agujeros negros tal vez fueran solo una parte de la historia y que dos de ellos podían actuar como entrada y salida de un agujero de gusano a través del espacio.[18] Si trazamos una línea a lo largo de la entrada de uno de los agujeros negros, esta puede acabar saliendo por el otro, como si cogiéramos un atajo a otra región remota del espacio o, incluso, a otro universo. La singularidad, por lo que parece, es reemplazada por un misterioso umbral.

Con todo, parece dudoso que algún agujero negro del universo real pueda actuar como agujero de gusano. Einstein no mencionó ningún mecanismo que formara las parejas de entrada y salida, y, ciertamente, una estrella en proceso de colapso tampoco podría provocarlo, ya que solo origina un agujero negro. Pero

Einstein y Rosen demostraron matemáticamente que reemplazar un agujero negro cualquiera por la entrada de un agujero de gusano no implica diferencia alguna por lo que respecta a aquello que se puede medir desde el exterior, donde solo se observa una esfera oscura. Este fenómeno recibe el nombre de «horizonte de sucesos», porque ningún suceso que tenga lugar en su interior tiene efecto en el exterior: si ni siquiera la luz puede escapar, no hay forma de que se transmita acontecimiento alguno al universo. Lo que sea que pase dentro del horizonte de sucesos (la entrada del agujero de gusano o singularidad) permanece dentro del horizonte de sucesos.

En los años cincuenta, John Wheeler, físico nuclear de formación, fue el primero en sugerir que los agujeros de gusano tenían que incorporarse a las simulaciones de colisiones de agujeros negros. Su interés al respecto partía inicialmente de su curiosidad por las estrellas, los reactores de fusión de la naturaleza; pero cuando supo de las investigaciones que los alumnos de Oppenheimer estaban llevando a cabo sobre el colapso de estrellas, se obsesionó con intentar comprender los agujeros negros. Wheeler se dio cuenta de que incluso en el caso de un suceso extremo como la colisión de dos agujeros negros, los horizontes nunca revelarían lo que había dentro, por lo que comprendió que había que reprogramar las simulaciones para que los trataran como agujeros de gusano y no como singularidades. De ese modo, se eliminaban los problemáticos infinitos. El exterior de un agujero negro de verdad, además, seguiría viéndose igual aun si en su interior se comportaba de manera diferente. En la actualidad hablamos de «perforar» la simulación, porque la singularidad se ha eliminado.[19] Wheeler sugirió a su alumno Richard Lindquist que simulara la colisión de dos de estos agujeros negros perforados.[20]

El propósito principal de Wheeler era comprender por sí mismas las implicaciones teóricas de la relatividad, independientemente de si podían llegar a probarse jamás,[21] pero hoy tenemos una motivación más experimental: cuando dos agujeros negros colisionan, generan ondas gravitatorias que se pueden detectar cuando atraviesan la Tierra. Antes mencioné que las leyes de la dinámica de fluidos se pueden usar para describir las ondas del agua, que implican una oscilación de la superficie y la expansión centrífuga de las perturbaciones. De manera similar, las leyes de la relatividad general adscriben al propio espacio una flexibilidad que hace que se comporte de forma parecida a la superficie del agua. Las ondas gravitatorias son el resultado de ese comportamiento: el espacio puede verse distorsionado momentáneamente por objetos densos que se mueven a gran velocidad antes de recuperar de nuevo su forma. Las simulaciones pueden recrear las ondas predichas por la teoría de Einstein cuando dos agujeros negros colisionan, siempre que resuelvan antes las dificultades asociadas a las singularidades.

Lindquist necesitaba a alguien que pudiera traducir a código el truco del agujero de gusano para introducirlo en la simulación. Fue entonces cuando dio con Susan Hahn. Esta había llegado a Nueva York junto a su marido en 1951, huyendo de su Budapest natal tras la invasión y la ocupación de las tropas soviéticas. Al principio había encontrado trabajo en un banco, pero siempre había soñado con ser matemática y se matriculó para realizar un doctorado en la Universidad de Nueva York, donde asistió primero a las clases nocturnas y, más adelante, a tiempo completo.[22] La tesina de Hahn, terminada en 1957, abordaba los complejos retos técnicos que implicaba convertir toda suerte de ecuaciones en simulaciones basadas en cuadrículas de la mayor precisión posible.[23]

Dado que conocía todos los posibles obstáculos que esto conllevaba, era la persona adecuada para convertir ideas abstractas relacionadas con la perforación del espacio-tiempo en cálculos concretos. Además de eso, Hahn había empezado a trabajar en IBM, por lo que tenía acceso a potentes máquinas, ya que a la empresa le gustaba demostrar la capacidad de sus aparatos aplicándolos a la resolución de complicados problemas físicos. La idea de Wheeler de usar agujeros de gusano como medio para librarse de las singularidades fue ampliada por Lindquist, quien, a su vez, encomendó a Hahn la tarea de traducir todo aquello en código para meterlo en un ordenador.[24]

Hahn y Lindquist escribieron que su trabajo era más una «cuestión de principios» que una tarea de importancia científica, pues la búsqueda experimental de las ondas gravitatorias procedentes de las colisiones de agujeros negros quedaba todavía muy lejos de su alcance.[25] Por un lado, simularon una colisión frontal, que es casi imposible que se produzca en el universo en general, ya que los agujeros negros orbitan unos en torno a otros y se van aproximando muy gradualmente hasta que terminan por colisionar en trayectoria oblicua. Por otro, y a pesar de la elegante solución hallada para evitar las singularidades, los resultados obtenidos dejaban de tener sentido a medida que los agujeros negros se acercaban el uno al otro. Este hecho reflejaba el caos del sistema: al igual que las predicciones meteorológicas no pueden realizarse con más de una o dos semanas de antelación, las imprecisiones, inicialmente pequeñas, en la descripción del espacio iban aumentando hasta convertirse en errores de gran escala antes de que se produjera la colisión.

Por esta razón, sus simulaciones no lograron resolver ninguna cuestión práctica sobre las ondas gravitatorias, pero sí establecieron las perforaciones como método para reemplazar las singularidades. Harían falta otras cuatro décadas y nuevos y abundantes conocimientos técnicos para domar lo más mínimo el caos reinante durante lo que tardan los agujeros negros en precipitarse unos sobre otros y fusionarse. Finalmente, como si de golpe aparecieran varios autobuses que hubieran tardado décadas en llegar a su parada, tres grupos de investigación independientes desarrollaron de forma casi simultánea sendos códigos informáticos que podían lograr lo que antes era imposible: mostrar dos agujeros negros girando juntos en espiral hasta fundirse.[26] Corría el año 2005, habían pasado nueve décadas desde que Einstein formulara por primera vez las ecuaciones que, sin él saberlo, habrían de inaugurar este nuevo y exótico campo de la física.

Todavía tendrían que pasar diez años más hasta que se pudieran detectar las primeras ondas derivadas de una colisión entre agujeros negros en el universo real, hazaña llevada a cabo en 2015 por el Observatorio de Ondas Gravitatorias por Interferometría Láser (LIGO, por sus siglas en inglés). Concebido en los años sesenta, su construcción fue toda una hazaña de la tecnología. Durante el proceso, los simuladores perfeccionaron sus técnicas y reunieron un vasto repositorio del tipo de ondas que podían ser detectadas. Recurriendo a esta base de datos, el consorcio del LIGO, formado por cientos de científicos, pudo anunciar sin temor a equivocarse que dos agujeros negros individuales —de treinta y seis y veintinueve veces, respectivamente, la masa de nuestro Sol— se habían fusionado en el universo remoto, a cientos de millones de años luz de distancia de la Tierra. El agujero negro resultante contenía sesenta y dos veces la masa del Sol.

El lector habrá notado que si sumamos las masas no salen las cuentas, pero no se trata de un error. La que falta es la que ha sido transformada en energía y transportada en forma de ondas gravitatorias. La fórmula más célebre de Einstein, $E = mc^2$ (la energía es igual a la masa por la velocidad de la luz al cuadrado), establece que tal conversión es posible y en ninguna parte se observa esto mejor que en las proximidades de un agujero negro. La energía total que se produce en forma de ondas gravitatorias durante los últimos segundos de rotación y colisión es igual a la generada por todos los miles de millones de estrellas de la Vía Láctea a lo largo de mil años.

LA ENERGÍA

La comparación entre lo detectado por el LIGO y las simulaciones de ondas gravitatorias confirmaron que los agujeros negros existen y que se comportan tal y como predijeron las ecuaciones de la relatividad. Pero a mediados del siglo xx, cuando su existencia era más dudosa, los astrónomos habían empezado a notar algo raro en el balance de energía cósmica. El primer indicio lo aportaron los radiotelescopios, que entre los años cincuenta y sesenta detectaron intensas frecuencias procedentes del espacio, como si fueran faros cósmicos.

Los astrónomos comenzaron a apuntar sus telescopios ópticos tradicionales en dirección a esas fuentes de ondas de radio y encontraron puntos luminosos que al principio parecían estrellas. Uno de los primeros en estudiarlos fue Allan Sandage en los años cincuenta, el mismo cosmólogo que más tarde se resistiría a aceptar la idea de que las galaxias cambian a lo largo del tiempo. Lo que descubrió lo desconcertó: los colores de aquellos puntos no se parecían a los de ninguna estrella que hubiera visto antes y no había razón aparente por la que estas produjeran intensas ondas de radio. Estos objetos recibieron el nombre de «cuásares», una apócope de «cuasiestrellas», y se trata de los brillantes faros que mencioné en el capítulo anterior.

Sandage trabajaba en los observatorios del Carnegie, en Pasadena (California), y discutió el misterioso descubrimiento con sus colegas del cercano Instituto Tecnológico de California (conocido como Caltech). Finalmente, el misterio fue resuelto por tres estrellas emergentes del mismo, quienes, para disgusto de Sandage, se llevaron casi todo el reconocimiento por ello.[27] La explicación aportada por los científicos del Caltech resultaba impactante: aquellos puntos luminosos no eran estrellas en absoluto, sino objetos mucho más vastos y mucho más distantes cuya luz se había originado en el corazón de galaxias lejanas y había atravesado gran parte del universo. Lo único que podía concentrar tantísima energía en un punto tan pequeño era un agujero negro supermasivo, millones o incluso miles de millones de veces más grande que el Sol.

Tomados de forma aislada, todos los agujeros negros son, por definición, absolutamente oscuros, pero el gas que los rodea en ocasiones puede comenzar a brillar intensamente. Además, este es susceptible de ser capturado por el poderoso campo gravitatorio del agujero negro, en cuyo caso comenzará a aproximarse en espiral hacia el horizonte de sucesos y acabará formando lo que se llama un «disco de acreción». Como las nubes individuales de gas no se mueven todas de la misma manera exactamente, terminan por rozarse o por chocar unas con otras, convirtiendo el movimiento en calor y, en último término, en luz y en otras formas de radiación. Este proceso es diez veces más eficiente que la fusión nuclear de una estrella a la hora de generar luz a partir de la masa, y cuanto mayor sea el agujero negro, más deprisa podrá succionar materia para mantener su potencia, por lo que la liberación neta de energía puede ser enorme. Así pues, es esta pequeña región espacial aledaña al agujero negro la que se ilumina y, desde cierta distancia, se corresponde con los cuásares de Sandage, de los cuales se han llegado a avistar millones hasta la fecha, distribuidos como faros por el espacio.

Cuando el gas es finalmente absorbido, su movimiento en espiral se transforma en rotación una vez que entra dentro del propio agujero negro, aportando así más energía. Aunque permanezca oculto tras el horizonte de sucesos, el efecto giratorio del agujero negro sobre los campos magnéticos puede comportar una expulsión drástica de materia del disco de acreción, que entonces será devuelta al universo a una velocidad cercana a la de la luz gracias a la potencia almacenada, generando así las intensas ondas de radio que en un principio llamaron la atención de la humanidad.[28]

En el centro de nuestra galaxia, la Vía Láctea, existe un agujero negro. Imaginemos lo que pasaría si empezara a caer en él una cantidad sustancial de materia, de modo que nuestra galaxia se convirtiera en un cuásar brillante, de un color azulado debido a las extremas temperaturas. Una vez se quemara la capa central de polvo que actualmente oscurece el centro galáctico, una nueva y espeluznante luz aparecería en el cielo nocturno, brillando con una fuerza mil veces superior a la de Venus. Una fuente de luz así sería visible incluso de día, a pesar de estar más de mil millones de veces más lejos que el Sol.

La humanidad no estaría en peligro inmediato, pero sí el futuro a largo plazo de la galaxia. En ningún sitio se hace más patente esto que en la M87, una galaxia elíptica próxima a la nuestra que despide un chorro de materia hacia el exterior, a miles de años luz de su centro, que viaja casi a la velocidad de la luz y arrasa con todo a su paso como si fuera una verdadera Estrella de la Muerte. Con todo, su haz es estrecho, por lo que es improbable que llegue a destruir estrellas o planetas. Aun así, toda esa energía tiene que ir a algún lado, pero ¿adónde?

AGUJEROS NEGROS EN GALAXIAS

Desarrollar simulaciones que expliquen lo que sucede con la energía procedente de los agujeros negros es una empresa audaz. No basta con combinar reproducciones detalladas de estos fenómenos con las ya existentes de galaxias, porque hay una gran diferencia de escala entre ambas. Se estima que los agujeros negros más masivos que se conocen contienen varios miles de millones de veces la masa del Sol. Aun así, sus horizontes de eventos solo tienen el tamaño equivalente a un sistema solar. Las propias galaxias son miles de veces más masivas y decenas de miles de millones de veces más grandes. Esta falta de correlación en la escala es la misma que existe entre una predicción meteorológica a escala global y una mota de polvo individual; se trata de una disparidad impracticable, por lo que la única solución consiste en introducir reglas de subcuadrícula. A principios de los años dos mil, estas estaban ayudando a los físicos expertos en formación de galaxias a incluir en sus simulaciones los efectos producidos por las estrellas, y la astrofísica Tiziana Di Matteo estaba segura de que se podía aplicar un enfoque similar al estudio de los agujeros negros.

Di Matteo había completado su doctorado en Cambridge con una investigación sobre cómo los agujeros negros absorben materia y cómo esta genera energía. Al principio, estaba interesada en emplear sobre todo radiotelescopios, telescopios ópticos e incluso telescopios de rayos X (que captan la misma clase de radiación que se emplea en las radiografías para escrutar nuestro cuerpo) para estudiar directamente cómo funciona el universo. Pero en Harvard coincidió con Lars Hernquist y Volker Springle, dos pioneros del refinamiento de subcuadrículas.[29] Intuyendo una oportunidad, Di Matteo los convenció de que ampliaran las reglas de sus simulaciones para incluir agujeros negros.[30]

Aunque la asombrosa distorsión del espacio y del tiempo es un factor crucial para comprender y recrear bien cómo se liberan la energía y las ondas gravitatorias, el trío confiaba en que el resto de la galaxia no se viera afectado por esos detalles. Concebían un agujero negro, sencillamente, como otro tipo de partícula virtual que había que añadir a la materia oscura, al gas y a las estrellas ya presentes. Una partícula virtual de agujero negro sigue una regla especializada: si la sumerges en gas, se pegará un atracón de gas, y en el proceso, convertirá una fracción de su masa en energía. Como sucede con las reglas que siguen las estrellas y las nubes de vapor de agua, surgen entonces detalles específicos de los que hay que ocuparse: ¿cuánto tarda un agujero negro en consumir el gas? ¿Qué fracción de la energía se libera? ¿De qué forma emerge esta exactamente? Ni siquiera hoy podemos responder esas preguntas con seguridad.

Lo que los miembros del equipo pretendían era llevar a cabo una prueba tentativa que les permitiera avanzar con la primera simulación de los efectos resultantes en 2005.[31] Aunque fue en esa fecha cuando empezaron a funcionar también las simulaciones detalladas de ondas gravitatorias generadas por agujeros negros, y cuando las simulaciones cosmológicas comenzaron a recrear galaxias más realistas, la conjunción de estos avances fue casualidad en gran parte. La simulación de Di Matteo tenía más en común con la de Holmberg de hacía seis décadas en la medida en que también hacía colisionar dos galaxias virtuales con la única intención de ver qué sucedía. En lugar de las treinta y siete bombillas, la tecnología de principios del siglo XXI permitió que la simulación de Di Matteo comprendiera treinta mil partículas virtuales de materia oscura, treinta mil estrellas, veinte mil partículas virtuales de gas, y otra de agujero negro supermasivo, de cien mil veces la masa del Sol.

Las galaxias recreadas tardarían alrededor de mil millones de años virtuales en fusionarse. El equipo tomó una instantánea de sus galaxias en intervalos de unos pocos millones de años, lo que les permitió crear una animación dramática de los resultados, como las que Governato mostró de sus galaxias formándose a partir de la red cósmica. Una noche en la que se quedó trabajando hasta tarde, preparando a toda velocidad una conferencia, Di Matteo vio por primera vez los resultados de la simulación y supo de inmediato que se traían algo importante entre manos.[32]

En el vídeo, dos impecables galaxias de disco se dirigen una hacia la otra a través de un espacio vacío. Cuando entran en contacto, el gas de ambas es aplastado y forzado a entrar en sus respectivos agujeros negros, liberando grandes cantidades de energía que calienta el entorno. Las galaxias humean ante la cámara y parecen estar en llamas, aunque en realidad se trata del gas sobrecalentado que rodea el agujero negro supermasivo de cada galaxia. Esas brasas galácticas se calman ligeramente antes de ser arrastradas por la gravedad y fundirse en el centro.

Como sucede en las mejores películas de catástrofes, cuando parece que ya se acaba, la cosa se pone todavía peor. A medida que la galaxia resultante comienza a asentarse, los dos agujeros negros alcanzan el nuevo centro, donde aún queda algo de gas. Entonces comienzan a consumir materia de nuevo y el fuego se renueva con una explosión. Todo lo que no cae en el interior de los agujeros negros es expulsado sin remisión hacia el exterior. Aunque las estrellas existentes son lo bastante pequeñas como para no sufrir daños, la pérdida de tanto gas devasta igualmente la galaxia, ya que no queda combustible para formar más estrellas y planetas. Llegado cierto momento, también las estrellas existentes se desvanecerán. Así es como ambas galaxias de disco son devoradas poco a poco por los agujeros negros, dejando tras de sí tan solo un remanente de muerte.

La idea de destruir galaxias enteras de esta manera parecería fantasiosa si no fuera porque la observación del universo real nos ha aportado pruebas inequívocas acerca del poder de los agujeros negros.[33] Las imágenes obtenidas por las nuevas simulaciones ayudan a explicar la relación entre ambos: se viene observando desde hace algún tiempo que las galaxias más grandes albergan agujeros negros más grandes.[34] Parece que, a medida que aquellas aumentan de tamaño, mediante fusiones sucesivas, también lo hace el agujero negro que hay en su centro, el cual termina por volverse tan poderoso en comparación con las estrellas que se vuelve una amenaza para su propia anfitriona. Si, a mediados de los años dos mil las simulaciones acababan de descubrir la forma en que la energía de retroalimentación dicta la relación entre los halos de materia oscura y las galaxias que albergan, ahora probaban que existía la misma sinergia entre las galaxias y sus agujeros negros.

Las simulaciones más recientes pintan una imagen más sutil, en la que el gas de una galaxia moribunda se pierde de manera más gradual, en lugar de en una sola y catastrófica colisión, si bien los agujeros negros siguen considerándose los motores de la destrucción.[35] Aun así, quedan profundos enigmas por resolver, empezando por el origen exacto de estos fenómenos masivos. Inicialmente, Di Matteo los agregó a mano a su simulación, pero si queremos entender de veras la historia de las galaxias, los cosmólogos necesitamos averiguar qué leyes rigen el nacimiento de los agujeros negros supermasivos, ya que los relativamente pequeños que resultan de una implosión estelar no pudieron crecer tan rápido como para alcanzar el tamaño de los agujeros negros supermasivos existentes en la actualidad.

Por el momento, nuestras simulaciones de formación de galaxias están programadas para crear agujeros negros supermasivos en el centro de galaxias jóvenes, pero no tenemos una justificación estricta para ello. Una hipótesis de lo que sucede realmente es que las primeras estrellas fuesen enormes, quizá mil veces más masivas que nuestro Sol, y que, por lo tanto, generasen agujeros negros enormes que consumieron su entorno a toda velocidad. (En comparación, las estrellas actuales más grandes son ligerísimas, aunque siguen pesando más de cien veces más que el Sol). Otra posibilidad es que, en el universo primitivo, las condiciones permitieran que las nubes de gas colapsaran por su propia gravedad, sin siquiera iniciar la fusión nuclear, en cuyo caso, el proceso se saltaría la etapa estelar y conduciría de forma natural a la creación de enormes agujeros negros. Una tercera posibilidad es que, de algún modo, estos comenzasen a formarse mucho antes que las propias galaxias. No sabemos qué teoría es la correcta. Se trata de un misterio que tendrán que resolver las generaciones venideras.[36]

El futuro

Sea cual sea el mecanismo exacto, lo que las observaciones demuestran es que los agujeros negros están presentes en las galaxias, así que también tenemos que introducirlos en las simulaciones. Eso tiene una consecuencia natural: si dos galaxias se fusionan, la resultante termina no con uno, sino con dos agujeros negros supermasivos en su interior. Recordemos que los cosmólogos tenemos buenas razones para creer que la mayoría de las galaxias, incluida la nuestra, se han formado mediante la fusión sucesiva de otras más pequeñas a lo largo del tiempo. Por lo tanto, no debería sorprendernos que, en algunas simulaciones que mis colaboradores y yo hemos realizado recientemente, los resultados indiquen que la Vía Láctea no tiene solo un agujero negro supermasivo central, sino que podría tener fácilmente hasta una docena, agujero negro arriba o abajo.[37]

Sin embargo, la mayoría de estos agujeros negros supermasivos que aparecen en nuestras galaxias simuladas no están en el centro, sino que orbitan muy lejos del mismo. Cuentan con poco gas que tragarse, por lo que no brillan ni crecen demasiado y es probable que sean excepcionalmente difíciles de detectar. Aunque la idea de tener estos monstruos ocultos flotando a nuestro alrededor suene peligrosa, la galaxia es un lugar vastísimo y las posibilidades de que alguno llegue a aproximarse incluso a unos pocos años luz de nuestro sistema solar son mínimas. (Estimo que las probabilidades son de alrededor de una entre mil millones durante toda la vida del Sol. Las incertidumbres son tales que el número exacto puede variar, pero, incluso contando con eso, las posibilidades siguen siendo remotas).

De hecho, en las simulaciones habríamos encontrado muchos más de estos agujeros negros supermasivos a la deriva si no fuera porque a menudo se desplazan hacia el centro de la galaxia anfitriona y terminan fusionándose con el agujero negro central existente. Esto brinda a los cosmólogos la emocionante posibilidad de elaborar predicciones comprobables mediante los detectores de ondas gravitatorias, ya que la regularidad con la que colisionan los agujeros negros supermasivos determina la cantidad de ondas que atraviesan la Tierra.

Hasta aquí todo bien. La humanidad cuenta con detectores de ondas gravitatorias y elaboramos predicciones cada vez más precisas sobre las que llegan a la Tierra. Juntos, ambos parámetros deberían permitirnos aventurar hipótesis sobre los agujeros negros, las galaxias y su tensa simbiosis. Lamentablemente, sin embargo, la sensibilidad del LIGO no puede aplicarse a la escala correcta: los detectores deben ser comparables en tamaño a los agujeros negros que buscan, y los de este observatorio tienen alrededor de cuatro kilómetros de diámetro, lo que los equipara a un agujero negro con una masa unas pocas veces mayor que la del Sol. Los supermasivos, millones de veces más masivos, son también millones de veces más grandes en extensión, de modo que los ingenieros tendrían que ampliar la escala del LIGO para poder detectarlos.

Dado que la Tierra solo tiene unos pocos miles de kilómetros de diámetro, no tenemos espacio físico para instalar un detector de varios millones de kilómetros aquí. Hace falta saltar al espacio para alcanzar una escala tan espectacular. Con ese objetivo, la Agencia Espacial Europea (ESA) planea lanzar en 2037 la Antena Espacial de Interferómetro Láser (LISA, por sus siglas en inglés),[38] que equivale al LIGO ampliado por un factor de un millón. Por supuesto, no se está construyendo una nave espacial tan colosal: LISA constará en realidad de tres naves separadas, cada una de unos tres metros de ancho, que volarán en una formación de triángulo equilátero para cubrir un área de cinco millones de kilómetros. Cada nave apuntará con un láser a las otras dos y bastará con monitorizar su luz para inferir las ondas existentes en el espacio entre las naves. Se trata de un plan audaz que pondrá al límite la capacidad de la ingeniería humana, pero un test tecnológico realizado en 2015 convenció a la ESA de que es factible llevarlo a cabo.

Si no puedes esperar hasta la década de 2030 para averiguar si las simulaciones están en lo cierto sobre cómo funcionan las galaxias y los agujeros negros con masas un millón de veces más grandes que la del Sol, no te preocupes. Es muy probable que en algún momento de la década actual los astrónomos detecten los primeros indicios de ondas gravitatorias procedentes de estos colosos, empleando para ello un detector que la naturaleza ya construyó para nosotros: los púlsares.

Los púlsares son un tipo de estrellas de neutrones que giran extraordinariamente rápido, lo que hace que actúen un poco como un faro que emite al universo un haz de ondas de radio en fracciones de segundo. Vistos desde la Tierra, parecen una señal pulsante y regular; tan regular, de hecho, que parecen artificiales.

Al descubrirlos, en 1967, la por entonces doctoranda Jocelyn Bell Burnell los denominó en broma los «hombrecillos verdes».

Aunque no se trata de alienígenas, la asombrosa regularidad de los púlsares los hace sensibles a las ondas que se propagan a través de grandes distancias dentro de nuestra galaxia. A medida que una onda gravitatoria se va interponiendo entre nosotros y una estrella, la distancia fluctúa ligeramente, de modo que se altera el ritmo de los pulsos recibidos. Este efecto es perceptible sobre todo cuando se monitorean múltiples púlsares, así que los astrónomos han comenzado a vincular telescopios creando «redes de sincronización de púlsares» para facilitar la búsqueda. Si bien necesitamos la LISA para confirmar si las simulaciones recrean correctamente la relación entre las galaxias y sus agujeros negros, las redes de sincronización de púlsares deberían darnos mucho antes una primera pista al respecto.

LA OTRA SINGULARIDAD

Mientras los cosmólogos aguardan estos resultados, hay mucho que reflexionar sobre los agujeros negros. Ahora sabemos que, si bien son los objetos más oscuros del universo, generan también grandes cantidades de luz y energía, las cuales se liberan cuando una galaxia alcanza una masa excesiva. También son imposibles de ver y, sin embargo, su existencia es anunciada en la estructura del espacio por ondas detectables por los observatorios de ondas gravitatorias. Y pueden incorporarse a simulaciones mediante el uso de agujeros de gusano que oculten sus singularidades centrales (aquellas que, de lo contrario, violarían la aritmética básica), o bien mediante un puñado de reglas de subcuadrícula que los conviertan en partículas v generadoras de energía e inocuas.

Ocultar la singularidad existente dentro de los agujeros negros es necesario para evitar que las simulaciones se bloqueen frente a los infinitos paradójicos. Pero la solución del agujero de gusano no deja de ser una suerte de parche sofisticado que, si bien es matemáticamente sólido, no revela el corazón físico de los agujeros negros. Para los físicos teóricos, lo que sucede *de verdad* en el interior de estos fenómenos tiene una gran importancia, por muy sutiles que sean las implicaciones de esa cuestión para la comprensión de las galaxias. La presencia de singularidades implica que la relatividad se rompe, o que al menos está incompleta, y que solo es un golpe de fortuna lo que ha permitido que las simulaciones de agujeros negros sean viables.

El problema de la singularidad se vuelve aún más conspicuo y apremiante cuando los cosmólogos consideran el espacio como un todo, porque el universo se está haciendo cada vez más grande. Las ecuaciones de la relatividad general pueden extrapolar esta expansión al pasado y, de la misma manera que la singularidad de un agujero negro parece ser el inevitable punto final del colapso de la materia, la singularidad constituida por el Big Bang tendría que ser el punto de partida de la expansión de la materia. Este vínculo íntimo entre la naturaleza del Big Bang y los centros de los agujeros negros fue descubierto por Stephen Hawking.[39]

A mi juicio, la conclusión del británico es mucho más perturbadora que toda la exótica física de los agujeros negros y sus singularidades, porque el Big Bang no puede omitirse con las sofisticadas matemáticas que empleamos para los agujeros de gusano ni puede ocultarse detrás de un horizonte de sucesos. Tampoco los intentos por reducirlo a una cuestión filosófica o religiosa son de mucha utilidad práctica si tenemos en cuenta el papel central que desempeñan las condiciones iniciales en todas nuestras simulaciones. No se puede pronosticar el clima de mañana sin conocer el clima de hoy. De manera similar, no podemos hacer predicciones sobre el universo actual sin asumir algún punto de partida.

Incluso una simulación capaz de recrear con una precisión suprema la física de la materia oscura, las estrellas, el gas y los agujeros negros podría arrojar respuestas del todo erróneas (o ninguna en absoluto) si partiera de una suposición equivocada sobre lo que aconteció justo después del Big Bang. Así pues, si los astrónomos todavía quieren entender por qué la Vía Láctea tiene el aspecto que tiene, tan diferente al de otras galaxias; por qué algunas son grandes y otras pequeñas; por qué otras han sido devoradas por sus agujeros negros, mientras que otras han sobrevivido...; si queremos, en definitiva, ser capaces de simular el origen de todas las estructuras de nuestro cosmos, tenemos que saber cómo abordar esa singularidad inicial y reemplazarla por algo más significativo. Ese es el objetivo que trataremos en el próximo capítulo.

5

La mecánica cuántica y los orígenes del cosmos

Es tentador presentar la mecánica cuántica como si fuera la física del reino microscópico. Su extraña tesis central, que las partículas subatómicas no son sólidas sino que están borrosas y que son capaces de existir en dos o más lugares a la vez, resulta contraintuitiva, pero ha sido confirmada por muchos experimentos. Estamos acostumbrados a que, cuando miramos a nuestro alrededor o al cielo nocturno, los objetos de nuestro mundo cotidiano y aquellos observables del universo más amplio ocupen ubicaciones únicas y claramente definidas en un momento dado. Parecería que cualquier borrosidad tuviera que estar restringida a escalas muy pequeñas, inapreciables a simple vista.

Sin embargo, si hay algo que quiero transmitir en este capítulo es que los efectos cuánticos no se limitan de ninguna manera al diminuto e invisible ámbito de los átomos. De hecho, los fenómenos a esa escala dan forma y sentido a todo el cosmos. Las teorías actuales sostienen que todas las estructuras del universo —desde la red cósmica y los halos de materia oscura hasta las galaxias, los agujeros negros, los planetas, la vida, tú y yo— se deben a la incertidumbre cuántica que hubo al principio de los tiempos. Nuestra existencia, aparentemente sólida, es tan solo una faceta de un universo indeterminado en lo más profundo y confuso a todas las escalas, desde las microscópicas hasta las cósmicas. Y hemos de hallar la manera de incorporar a las simulaciones esta sorprendente pieza final del rompecabezas de la física.

Por absurda que puedan parecernos la mecánica cuántica y su negación de la solidez de la realidad, sus fundamentos están fuera de toda duda; basta con coger un teléfono móvil o una tableta, cuya tecnología se basa en ellos, para certificarlo. Estos dispositivos están repletos de transistores (interruptores digitales que usan una señal eléctrica para determinar si otra puede fluir o no), cada uno de los cuales permite ejecutar un razonamiento lógico rudimentario, y el encadenamiento de millones o miles de millones de ellos es lo que ha impulsado la revolución informática. Los transistores se fabrican a partir de semiconductores, materiales que aprovechan la borrosidad cuántica de los electrones para comportarse en parte como un conductor eléctrico y en parte como un aislante. No existe en nuestra experiencia cotidiana un ejemplo análogo que ilustre satisfactoriamente cómo funcionan estos semiconductores. Para comprenderlo, hay que conocer los fundamentos de la mecánica cuántica.

Esto, no obstante, solo es necesario para entender cómo funcionan los transistores, no lo que hacen. Los ordenadores no exhiben ninguna propiedad cuántica obvia: mientras tecleo, su memoria se llena con letras y palabras particulares. Del mismo modo, las simulaciones predicen resultados definidos como la velocidad del viento, la cantidad de lluvia o un número de estrellas determinado. Incorporar la incertidumbre es frustrantemente difícil, ya que obliga a los científicos a realizar múltiples simulaciones y a acotar los posibles escenarios. Así, el funcionamiento de los transistores es concreto y predecible, y aunque la incertidumbre sea ajena a su propósito, es clave para su funcionamiento interno.

Esa separación entre la difusa física interna que opera a una escala microscópica y el predecible comportamiento externo a gran escala es lo que sirve de argumento para describir la mecánica cuántica como un conjunto de leyes a pequeña escala de las que no hay por qué preocuparse en nuestra vida macroscópica. Es la tentación a la que me referí al principio: estamos más dispuestos a aceptar el extraño comportamiento cuántico de las partículas diminutas si nuestro mundo cotidiano parece a salvo de algo tan extraño. Para mostrar por qué esa nítida distinción es en realidad una falacia, debemos adentrarnos más en el reino microscópico y comprender primero qué significa realmente que una partícula exista en más de un lugar al mismo tiempo.

La mecánica cuántica es crucial tanto para la estructura de los átomos, la naturaleza de los elementos químicos y su agrupación en una tabla periódica como para la forma en que las moléculas se unen. Los químicos tienen su propia manera de simular las leyes físicas pertinentes aquí, lo que requiere un estudio detallado, porque implica enfrentarse a descomunales desafíos computacionales. Una vez superados, podremos viajar hasta la primera pequeña fracción temporal de la vida del universo y estudiar cómo pudo surgir la realidad a partir de una espuma cuántica. Solo así entenderemos las implicaciones que eso tiene para las simulaciones cósmicas y por qué nuestra definida vida es en realidad resultado del azar.

La incertidumbre

La evidencia más omnipresente de la mecánica cuántica es la existencia de átomos estables, los componentes básicos de nuestra vida cotidiana. Los experimentos llevados a cabo durante los primeros años del siglo XX establecieron que los átomos consisten en electrones girando alrededor de un núcleo. Existía, sin embargo, un problema fundamental: según las leyes existentes del electromagnetismo, las órbitas no podían ser estables, sino que los electrones deberían comenzar a realizar espirales y penetrar en el núcleo atómico en el transcurso de aproximadamente una cien mil millonésima de segundo, contradiciendo así casi todo lo que sabemos, incluida la existencia en el mundo que nos rodea de materiales estables y de larga vida.

En 1924, Louis de Broglie, un aristócrata francés que durante la Primera Guerra Mundial había estado desarrollando sistemas de comunicación por radio (e instalándolos en la Torre Eiffel),[1] sugirió como solución que el electrón podría estar «difuminado» y formar una onda alrededor del núcleo, en lugar de ser una partícula que orbita en el sentido tradicional. De Broglie demostró que tal configuración sería estable, lo que evitaba el problema de la espiral. En 1929, cuando el presidente del comité del Premio Nobel le otorgó el galardón de la categoría de Física, casi pareció censurarlo al afirmar que aquel salto de la imaginación se había logrado «sin apoyarse en ninguna verdad conocida». Por fortuna, los hechos experimentales llegaron más tarde y demostraron que la hipótesis de De Broglie era correcta.

La fotografía puede proporcionar aquí una analogía útil. La cámara no captura un solo instante, sino que construye la imagen resultante durante un lapso muy breve de tiempo, por lo general una fracción de segundo. Como consecuencia, los objetos que se mueven rápidamente no aparecen nítidos, sino que la imagen ofrece una versión borrosa, mezcla de los diferentes lugares que ocupó el objeto en cuestión durante el tiempo de exposición.

Con una cámara sofisticada, es posible reducir el desenfoque eligiendo una velocidad de obturación más rápida, pero eso no siempre es deseable. A veces, el desenfoque ayuda a transmitir una sensación de movimiento, de modo que a partir de una sola instantánea se puede medir visualmente la forma en que los objetos se desplazan con el tiempo.

Pensemos en las clásicas fotografías nocturnas en las que los coches se convierten en un haz de luz o en las imágenes de bengalas dibujando letras: son mucho más evocadoras que una imagen perfectamente nítida. Un obturador lento confiere esa sensación de movimiento al tiempo que hace imposible precisar una sola ubicación. Por el contrario, un obturador rápido captura la posición, pero elimina cualquier sensación de movimiento. Se produce una disyuntiva.

La mecánica cuántica sostiene que en la realidad ocurre algo similar: como si esta fuera una fotografía, la información sobre la velocidad y la ubicación están inextricablemente entrelazadas. La borrosidad, de hecho, toma la forma de una onda, a un tiempo ondulada y difusa, razón por la que recibe el nombre de «función de onda». Pero se trata solo de un detalle: si estamos dispuestos a aceptar que la naturaleza es borrosa, ya estamos en camino de comprender por qué la mecánica cuántica es tan importante. Una consecuencia es el principio de incertidumbre de Heisenberg, que establece que la posición y el movimiento no pueden determinarse simultáneamente.* Un físico experimental puede medir con precisión una u otro, pero no ambos, lo que ilustra bien la elección del fotógrafo entre exposiciones largas o cortas.

Nuestra vida cotidiana parece contradecir de plano a Heisenberg. Nos resulta evidente que, mientras conducimos por la carretera, nuestro coche tiene una posición y una velocidad bien definidas en un momento dado, independientemente de lo que pueda mostrar una fotografía más tarde. Pero, al igual que sucede con la relatividad, la verdadera dificultad a la hora de comprender la mecánica cuántica consiste en ser capaces de abandonar nuestras ideas preconcebidas sobre lo que es probable o razonable. Así como la relatividad solo se nos hace evidente a gran escala o a altas velocidades, los efectos de la mecánica cuántica generalmente solo se hacen palpables a escala microscópicas. De Broglie demostró que, cuando los electrones orbitan alrededor de un núcleo, por ejemplo, las borrosas ondas ocupan el tamaño de un solo átomo, alrededor de una milmillonésima parte de un metro.

---

* Werner Heisenberg trabajó para los nazis durante la Segunda Guerra Mundial, poniendo su experiencia en física cuántica al servicio de la energía nuclear. Afortunadamente para el mundo, estaba más interesado en la generación de energía que en desarrollar una bomba nuclear, perspectiva que no lo entusiasmaba.

LAS SIMULACIONES DE MATERIALES

El familiar mundo que nos rodea está hecho de moléculas, cadenas de átomos unidos por electrones borrosos esparcidos por toda la estructura que actúan como una suerte de envoltura unificadora. Los químicos necesitan simular estas moléculas para llevar a cabo muchas tareas diferentes, ya se trate de diseñar una nueva batería o un fármaco, de estudiar la forma en que los virus atacan las células humanas, cómo se comportan las carreteras de asfalto cuando se dañan, o de buscar aplicaciones potenciales de materiales nuevos como el grafeno.[2] Cualquiera que sea el propósito particular, tales simulaciones tienden a realizar un seguimiento de miles de átomos, o de millones en el caso de sistemas biológicos como los virus.

Estas simulaciones de «dinámica molecular» son en el fondo similares a las bombillas de Holmberg, si bien rastrean átomos en lugar de estrellas y su objetivo es arrojar luz sobre las moléculas en lugar de sobre las galaxias. A partir de una configuración inicial, que especifica la ubicación y el movimiento de los átomos, la simulación permite que cada uno de ellos se desplace durante un breve periodo de tiempo, en línea recta y a una velocidad fija. Los pasos temporales, que en el caso de las simulaciones de galaxias se miden en millones de años, son aquí nanosegundos. Las moléculas pueden cambiar extraordinariamente rápido porque son extraordinariamente pequeñas. Después de cada paso de *drift*, los átomos son impulsados hacia una nueva trayectoria por la interacción de fuerzas entre núcleos y electrones. Por lo tanto, la idea de un ciclo repetitivo de *drifts* y *kicks* es idéntica en las simulaciones de dinámica molecular y las de materia oscura.

La diferencia está en el tipo particular de *kick*. Holmberg calculó las fuerzas gravitatorias midiendo el brillo de la luz, mientras que en las simulaciones astronómicas modernas las fuerzas resultan de sumar digitalmente la atracción de todas las estrellas, la materia oscura y el gas del universo virtual. En el caso de las moléculas, sin embargo, la mecánica cuántica complica el cálculo de las fuerzas, pues estas dependen de dónde estén los electrones y, como hemos visto, cada uno puede estar en varios lugares a la vez. Al estar difuminados por toda la molécula, sus fuerzas solo pueden calcularse mediante una simulación que tenga en cuenta este efecto cuántico.*

Las primeras simulaciones de química cuántica se inspiraron en la dificultad particular que entraña el comportamiento de las moléculas biológicas. El mecanismo de la visión, por ejemplo, depende de una molécula conocida como «retinal»; sin embargo, hasta la década de 1970, no se sabía con exactitud cómo convertía la luz en señales neuronales. La bióloga de Harvard Ruth Hubbard había demostrado que solo existía un mecanismo plausible a través del cual se podía lograr la visión: los efectos cuánticos tenían que convertir la luz en movimiento en la retina, de modo que el movimiento pudiera enviarse luego al cerebro como una señal nerviosa. Sin embargo, no era posible determinar con precisión cómo sucedía esto, ya que no se podía calcular manualmente.

Al carecer de ordenadores lo bastante potentes para encontrar la respuesta, y exasperada con una comunidad científica dominada por hombres, Hubbard volcó su talento en el feminismo, movimiento en el que se hizo famosa por su devastadora crítica de los sesgos raciales y de género en la biología evolutiva.[3] (Según declaró al *Boston Globe*, «no tengo ni idea de lo que piensan de mí mis colegas. En el mejor de los casos estarán desconcertados; en el peor, pensarán que me he vuelto tarumba»).[4] La investigación de Hubbard sobre el retinal fue retomada por sus alumnos, entre los que se encontraba Martin Karplus.

Este llegaría a ganar el Nobel de Química en 2013 por sus simulaciones, incluidas las del retinal, pero el camino para llegar

---

* En principio, esta difuminación se aplica también al núcleo de cada átomo, pero De Broglie sugirió correctamente que el efecto aquí habría de ser pequeño, ya que los núcleos son mucho más masivos.

hasta allí fue tortuoso. Después de haber trabajado con Hubbard durante sus años universitarios, en 1950 tuvo que dejar de investigar sobre el retinal para su tesis doctoral, a pesar de que deseaba seguir haciéndolo. Su supervisor, Max Delbrück, no estaba muy entusiasmado con aquella idea. Karplus cuenta, de hecho, que durante un seminario en el que trató de exponer sus hipótesis, Delbrück lo interrumpió repetidas veces para afirmar que lo que estaba diciendo no tenía sentido.[5] El físico teórico Richard Feynman, que se encontraba entre los presentes, perdió la paciencia con las interrupciones de Delbrück y murmuró audiblemente: «Yo lo entiendo, Max. Para mí tiene todo el sentido del mundo». Delbrück abandonó el aula enojado, el seminario concluyó con una nota amarga y Karplus terminó por encontrar otro supervisor que lo puso a trabajar en un tema completamente diferente.

Karplus se convirtió en un experto en el empleo de ordenadores para simular reacciones químicas y, sobre todo, en simplificar los efectos de la mecánica cuántica para que tuviera cabida en las rudimentarias máquinas de la época. Llegados los años setenta, no obstante, estaba algo aburrido de todo aquello: «Había comprendido qué sucedía con las reacciones químicas elementales y ya no estaba aprendiendo nada nuevo».[6] Así las cosas, volvió a trabajar en el problema que Hubbard había planteado y sobre el que habían discutido Delbrück y Feynman.

Junto con sus colaboradores, Karplus fue averiguando poco a poco cómo representar electrones cuánticos y su efecto en la molécula de retinal. Sin la mecánica cuántica, los electrones individuales serían como las bombillas de luz de Holmberg, descritas por su posición y movimiento, lo que requiere seis números: tres para describir la ubicación en el espacio y tres para describir la velocidad y la dirección del movimiento. Con la mecánica cuántica, sin embargo, las posibilidades de dónde puede estar un electrón son infinitas. No existe una respuesta única al respecto.

Imaginemos que dividimos el espacio alrededor de la molécula en una cuadrícula de las empleadas en las simulaciones meteorológicas.[7] Ahora, podremos recrear la posibilidad de que el electrón esté en cada celda de la cuadrícula, pero eso requiere asignar un número a cada una de ellas. Además, debido a que el electrón es también una onda, hay que añadir otro número más, el que corresponde a lo que conocemos técnicamente como la «fase». Si la cuadrícula contiene cien celdas, por ejemplo, para describir un electrón será necesario almacenar y manipular doscientos números.

Hasta aquí, el proceso no parece muy diferente al de simular la meteorología. Las cosas se complican, sin embargo, cuando la simulación necesita rastrear más de un electrón. La posibilidad de que este esté en cualquier celda dada depende de la posibilidad de que otro electrón esté en las vecinas, lo que constituye un ejemplo de una propiedad cuántica más amplia, conocida como «entrelazamiento». Para tener esto en cuenta, una simulación necesita almacenar dos números para cada par de celdas. Hay diez mil formas de emparejar cien de ellas, lo que, solo en el caso de dos electrones y cien hipotéticas celdas, nos da un total de veinte mil cifras. El problema se nos va de las manos cuando queremos recrear situaciones mucho más grandes y cercanas a la realidad.

El truco consistente en simular moléculas cuánticas sirve precisamente para reducir esta complejidad y, por suerte, suele ser aplicable. En muchos problemas, las complicadas cuestiones físicas que plantean los electrones entrelazados pueden sortearse mediante aproximaciones precisas que emplean técnicas mucho más simples y que permiten, incluso, ignorar por completo muchos electrones. En una molécula de retinal hay casi ciento sesenta electrones, pero la mayoría de ellos llevan vidas bastante aburridas, orbitando cerca del núcleo del átomo al que están unidos. No necesitamos una simulación que rastree el comportamiento cuántico de cada uno de estos electrones, pues, como señaló De Broglie, los núcleos son muy masivos y conocemos bien cómo se mueven los electrones a su alrededor. La simulación solo necesita hacer un seguimiento de los electrones que están lejos de cualquier núcleo atómico único. Estos se difuminan en una nube que puede abarcar grandes partes de la molécula, uniéndolas y determinando su forma.[8]

El equipo de Karplus demostró que el funcionamiento de la molécula de retinal se puede entender tratando solo unos electrones tan especiales como son los cuánticos. La tarea sigue constituyendo un desafío enorme, pero resulta factible si se emplean trucos computacionales para acelerar el cálculo. Cuando la luz incide sobre la molécula, los electrones reciben un estímulo de energía y responden cambiando la forma de su difuminación cuántica; esto, a su vez, provoca que toda la molécula adopte una forma diferente. El movimiento resultante crea una reacción en cadena que culmina con la producción de las señales eléctricas que interpreta nuestro cerebro. Estas primeras simulaciones cuánticas lograron completar el cuadro que Hubbard había esbozado décadas antes.

El meollo del asunto consiste en desarrollar trucos para simplificar las simulaciones, lo que ha merecido la concesión de numerosos premios Nobel. Aun así, estos atajos no podrán llegar nunca a resolver el problema del todo. Resultaría mucho más satisfactorio hallar la manera de simular la mecánica cuántica en un ordenador capaz de abordar directamente los requisitos de la rotación espiral y de almacenar, sin excesivo esfuerzo, una representación fidedigna de la difuminación cuántica entrelazada. Algo que podría estar a nuestro alcance algún día si logramos que los propios ordenadores sean cuánticos.

LA PROMESA DE LOS ORDENADORES CUÁNTICOS

Simular la física cuántica es complicado porque ni siquiera las partículas individuales son simples: se difuminan en una neblina conocida como «función de onda», lo que representa un nivel irreducible de incertidumbre en la realidad misma. Recrear esta nebulosidad requiere cantidades exponencialmente crecientes de tiempo y espacio de almacenamiento, porque se necesitan enormes incrementos en la potencia de un ordenador para lograr tan solo un pequeño aumento en el tamaño de la molécula que se simula. Así, vale la pena estudiar los ordenadores cuánticos tanto por su potencial para salvar este obstáculo como por la capacidad que tienen de arrojar más luz sobre la naturaleza de la extraña teoría en que se basan.

Los ordenadores tradicionales no están adaptados en absoluto a la incertidumbre. Así como las letras en la página de este libro aparecen en un orden específico e indiscutible, todo en el interior de la memoria de un ordenador contiene algún dato, como una A o una B. Pero la física cuántica nos obliga a representar situaciones en las que la incertidumbre ocupa un lugar central, donde todo lo que podemos decir es «posiblemente A, o posiblemente B».

Cabe la posibilidad, aun así, de usar letras y palabras definidas para describir situaciones inciertas. Yo mismo estoy haciendo lo que puedo en este capítulo por emplear un lenguaje preciso que (espero) tenga un significado inequívoco, a pesar de estar describiendo un mundo físico lleno de ambigüedad. De manera similar, un ordenador puede almacenar en su nítida memoria datos que, sin embargo, representan confusión e incertidumbre, aunque el procedimiento vaya de algún modo contra su naturaleza intrínseca. Sería mucho más simple, si no estamos seguros de si algo es A o B, introducir en el programa de la máquina un solo símbolo para la combinación de las dos posibilidades (AB).

La idea de la llamada «computación cuántica» consiste en construir una máquina a partir de componentes que, a diferencia de los ordenadores tradicionales, puedan almacenar y manipular tales símbolos de la borrosidad. Dado que la realidad se comporta de manera fundamentalmente cuántica, el proyecto debería ser factible. Hay que tener en cuenta que, en verdad, los ordenadores actuales no aprovechan al máximo las capacidades físicas de sus electrones. Lo más importante es que las nuevas máquinas de simulación estarían específicamente diseñadas para incluir efectos de entrelazamiento; esto es, una conexión entre diferentes partículas que, en un ordenador clásico, resulta imposible intentar recrear. Con la borrosidad y la interconexión ya integradas en el *hardware*, y después de que la simulación desarrolle en el tiempo el típico ciclo de *kicks* y *drifts*, los resultados finales incorporarán automáticamente los efectos cuánticos.

Los fundamentos teóricos de esta idea se establecieron a finales de los años setenta del pasado siglo y comenzaron a recibir atención generalizada a partir de una conferencia celebrada en 1981 en el Instituto de Tecnología de Massachusetts. En el discurso inaugural, Richard Feynman conjeturó que tales máquinas serían la herramienta perfecta para simular sistemas cuánticos.[9] Un ejemplo de ellos lo constituyen los electrones que orbitan alrededor de una molécula, pero la idea era construir una máquina capaz de simular absolutamente cualquier situación en la que los efectos cuánticos fueran importantes.[10]

Feynman es una figura de culto entre los físicos, venerado tanto por sus ideas innovadoras como por su extraordinaria capacidad para insuflar vida a la ciencia y divulgar sus conocimientos a través de lúcidos escritos y conferencias. Encumbrar a las personas en la categoría de héroes, sin embargo, siempre es peligroso. Sus propios textos, trufados de anécdotas informales pero cuidadosamente elaboradas sobre su brillantez intelectual —y sobre sus desvergonzados intentos de ligar con mujeres—, revelan que era un narcisista y un misógino, incluso para los estándares de la época.[11] Aun así, sus ideas sobre física poseen un innegable atractivo y son ineludibles cuando uno trabaja en el campo de la física cuántica. Sus conjeturas durante aquella conferencia de apertura sobre la importancia de las máquinas de computación cuántica animaron a toda una generación de físicos a tomarse en serio esa posibilidad, a pesar de los enormes desafíos técnicos que entrañaba construirlas.

Una de esas personas fue Seth Lloyd, quien fue más allá de la conjetura de Feynman y esbozó el diseño de un ordenador cuántico.[12] «Diseño» funciona aquí como un término amplio, ya que lo que hizo Lloyd fue explicar la tipología de máquina que sería necesario desarrollar, sin aportar planos detallados de cómo hacerlo. Hoy en día, sigue sin estar claro hasta qué punto es factible construir ordenadores cuánticos a gran escala. Aun así, Lloyd demostró que, en principio, Feynman tenía razón: una sola máquina bien diseñada podría utilizarse también para simular cualquier escenario físico concebible en el que entrase en juego la mecánica cuántica. La cuestión de qué *hardware* concreto habría que utilizar es casi irrelevante: podría estar basado en átomos, luz, metales superconductores o en cualquier otra cosa que tenga un comportamiento cuántico. Esta relativa independencia respecto a sus componentes evoca las respectivas visiones que Babbage, Lovelace y Turing tenían sobre los ordenadores tradicionales, pues lo importante para todos ellos no eran que estuvieran basados en circuitos eléctricos, en engranajes impulsados por vapor o en cualquier otra tecnología específica; sino que se tratara de una máquina de uso general que pudiera realizar cualquier cálculo mediante la aplicación repetida de un pequeño número de manipulaciones lógicas.

No hay nada que un ordenador cuántico pueda lograr que, en principio, no pueda ser calculado por una de estas máquinas clásicas ideales. La cuestión es que toda computadora tiene una memoria limitada y funciona durante un periodo de tiempo finito, lo que significa que solo pueden completar un número restringido de operaciones. La complejidad de la física cuántica conlleva que incluso la simulación de moléculas simples tope con esos límites prácticos. De ahí que químicos y biólogos estén entusiasmados con los ordenadores cuánticos, que podrían romper esas constricciones gracias al uso directo de los efectos cuánticos.

A pesar de las promesas, lo cierto es que la construcción ha resultado endiabladamente difícil y prolongada y solo en tiempos recientes ha sido posible realizar las primeras simulaciones químicas básicas en una computadora cuántica real, construida por Google.[13] Se trata de una hazaña de ingeniería, y la hermosa máquina resultante parece salida de la imaginación febril de un diseñador de escenarios de ciencia ficción. Está formada por una serie de plataformas de reluciente metal de un metro de altura, suspendidas verticalmente desde arriba y separadas por conductos y cables enrollados con esmero. Gran parte del aparato consiste en un elaborado congelador que enfría su núcleo hasta unas pocas fracciones de grado por encima de la temperatura más fría posible, el cero absoluto. Los ordenadores cuánticos son tan delicados que sus operaciones pueden verse fácilmente alteradas por el calor, y es aquí, en el núcleo, donde se realizan los cálculos, dentro de un dispositivo no más grande que el chip de un ordenador normal.

La máquina es «ruidosa» en el sentido de que comete errores en sus cálculos porque su tecnología es muy difícil de perfeccionar. Estos ordenadores siguen siendo útiles para ejecutar cierto número de simulaciones, pero no cumplen la visión de Feynman. Los ordenadores cuánticos libres de ruido aún no han superado las etapas de diseño y los expertos difieren a la hora de vaticinar cuándo serán una realidad. Hablar de décadas sería una predicción optimista.[14]

No obstante, tarde o temprano podremos simular moléculas mucho más grandes de las que recreamos en la actualidad con los más potentes ordenadores tradicionales. Y tal vez llegue el día en que los ingenieros sean capaces de construir ordenadores cuánticos en los que ya no sea necesario el elaborado procedimiento de enfriamiento, abriendo así la posibilidad de que cualquier persona lleve uno en el bolsillo.[15] No está claro si estas máquinas tendrán futuro más allá de unas pocas aplicaciones especializadas, pero no sería prudente cerrarse a otras posibilidades. Basta pensar en nuestros teléfonos móviles, cuyo origen está en aparatos militares de los años cuarenta que tenían el tamaño de una habitación. Lo imposible tiene la costumbre de volverse posible; lo posible, de volverse deseable; y lo deseable, de volverse ubicuo.

Nadie en mi propio gremio espera que los ordenadores cuánticos vayan a revolucionar a corto plazo las simulaciones del universo, pero al mismo tiempo sería un error imaginar que el universo es inmune a la difuminación cuántica. De hecho, las mejores teorías sobre lo que sucedió en la primera fracción de segundo del cosmos sugieren que el universo es, en su conjunto, tan borroso e incierto como los electrones de Karplus. Parece difícil de creer que la bien conocida solidez de los planetas, las estrellas y las galaxias pueda ser una ilusión, pero eso es exactamente lo que un audaz estudiante de posgrado, Hugh Everett III, afirmó en 1957. Y son cada vez más los cosmólogos que están de acuerdo con él.

LAS REALIDADES CUÁNTICAS

Durante gran parte de su carrera, Everett estuvo dedicado a desarrollar simulaciones de guerra nuclear; no de bombas individuales, sino de la estrategia más amplia sobre dónde y cuándo atacar. Como parte de un equipo de élite de matemáticos y físicos empleados por las ramas más turbias del Gobierno de Estados Unidos, Everett elaboró realidades digitales que incluían muerte y destrucción a escalas inimaginables. Sobre la base de estas simulaciones, muchos en el círculo de Everett abogaron por realizar ataques preventivos contra la URSS en el mundo real, no porque el resultado pudiera ser positivo para Occidente, sino porque sería todavía peor para los soviéticos. Por suerte, nunca convencieron a los políticos de que atacaran, pero resulta evidente que Everett poseía una capacidad casi inhumana para distanciarse de la realidad. Antes de morir, en 1982, dejó instrucciones expresas a su esposa para que arrojara sus cenizas a la basura.[16]

Décadas antes, en 1957, Everett era un joven doctorando que trabajaba junto a John Wheeler, aficionado a los agujeros de gusano, mientras dedicaba sus esfuerzos a intentar comprender las implicaciones de la mecánica cuántica para el universo en su conjunto. Si las moléculas, los átomos y las partículas subatómicas se regían por la física cuántica, el cosmos que habitan y configuran también tenía que verse afectado por las mismas leyes. Uno podría desear que los efectos cuánticos tuvieran un impacto muy limitado en los fenómenos a gran escala, como sucede con los transistores, pero ahora puedo explicar por qué esta reconfortante línea de razonamiento —por la que los efectos extraños y desconcertantes quedarían reducidos a las escalas microscópicas— no resiste un escrutinio riguroso.

Imaginemos una hipotética simulación meteorológica del futuro lejano que recrea las innumerables moléculas que componen la atmósfera, pero deja de lado la mecánica cuántica. Supongamos, a continuación, que editamos el programa alterando la posición de una sola molécula. Al principio, el cambio tendrá un efecto insignificante, pero recordemos el ejemplo de la mariposa de Edward Lorenz, mencionado en el capítulo 2: las pequeñas diferencias pueden amplificarse gradualmente hasta determinar un patrón climático completo. Una molécula es mucho más pequeña que el ala de una mariposa, pero eso solo significa que su efecto tardará más en amplificarse; sigue teniendo el poder de modificar el futuro lejano. De modo que las diferentes versiones de esta simulación harían predicciones meteorológicas diferentes a uno o dos meses vista. Puede que, en algunas ellas, un huracán asole Nueva York, mientras que en otras, el huracán pase de largo o ni siquiera llegue a formarse.

El ejemplo es solo otra forma de ilustrar la dificultad de hacer pronósticos, pero la mecánica cuántica añade una gran vuelta de tuerca al asunto. Según De Broglie y Heisenberg, las moléculas individuales en realidad no tienen posiciones perfectamente definidas. No es solo que nadie conozca su ubicación, sino más bien que todas ellas tienen un grado intrínseco de borrosidad. Y si la situación inicial de una molécula está difuminada en diferentes posiciones, todos los posibles efectos meteorológicos asociados deben ocurrir en conjunto, simultáneamente. Es decir, un huracán puede golpear y no golpear Nueva York a un mismo tiempo.

La afirmación nos choca porque nos parece imposible que pueda ser correcta. El tiempo meteorológico puede cambiar, pero en cualquier instante determinado y en cualquier lugar, la experiencia nos dice que o bien hay un huracán, o bien no lo hay; la idea de que ambas cosas estén pasando al mismo tiempo no tiene un significado obvio para nosotros. Pero el problema se complica todavía más. En el espacio exterior, y debido al caos, las alteraciones microscópicas en la precisa estructura de las nubes de gas pueden determinar que se forme una nueva estrella o un planeta, o que la nube se evapore y regrese ignominiosamente al cosmos. Siguiendo la misma lógica, la combinación de mecánica cuántica y caos parece introducir la incertidumbre no solo en la meteorología, sino en la existencia de planetas, estrellas y galaxias enteros.

Everett estaba bastante familiarizado con esa conclusión, pero la intuición y el sentido común nos hacen pensar que en ese relato falta algo crucial. Los pioneros cuánticos, en particular John von Neumann (a quien ya presenté como desarrollador de bombas nucleares y simulaciones meteorológicas), creían a pies juntillas que la borrosidad cuántica era un fenómeno que acontecía fundamentalmente a pequeña escala. Por eso, y dada la tendencia del caos a amplificar las más mínimas diferencias, inventaron mecanismos especiales para tratar de controlar esa nebulosidad y mantenerla confinada en ese ámbito.

El principio central de esa concepción tradicional de la mecánica cuántica es que la borrosidad es conmutable: a veces está activada y otras veces tiene que estar desactivada. Un diminuto electrón, por ejemplo, se mueve en una suerte de neblina durante la mayor parte del tiempo, pero si le hacemos una foto con un dispositivo con suficiente sensibilidad, la partícula aparecerá en una única ubicación exacta. Si bien no se trata de fotografías en el sentido habitual del término, lo cierto es que existen máquinas capaces de registrar la presencia de un solo electrón y de mostrar un solo punto.[17] Sin embargo, hay una gran cantidad de otros experimentos (por no mencionar el campo de la química en general) que solo tienen sentido si los electrones permanecen la mayor parte del tiempo en ese estado de borrosidad. Debe, por tanto, existir una transición de borroso a definido, y es lo que se conoce como «colapso de la función de onda». Von Neumann supuso que este se producía «tan pronto como [...] se hace una medición».[18] Una vez el aparato deja de medir, el electrón se torna gradualmente borroso de nuevo, expandiéndose desde la ubicación observada.[19]

No está claro cómo extrapolar esta visión tradicional de la mecánica cuántica al caso de la meteorología. Presumiblemente, la formación de un huracán ha de sufrir un colapso de la función de onda en algún momento para que el proceso tenga un resultado unívoco, pero no podemos especificar cuándo, por qué ni cómo. ¿Habría que medir con algún aparato la evolución de la tormenta? ¿A qué se refería exactamente Von Neumann con «medición»? ¿Qué determina que una partícula pase de un estado borroso a uno definido? Estas controvertidas cuestiones han dado lugar a algunas de las especulaciones más audaces de la física, propuestas que a mí me suenan algo místicas, pero que fueron formuladas con total seriedad por investigadores prestigiosos.

Un ejemplo es el de Eugene Wigner, físico y matemático ganador del Premio Nobel que creía que la física cuántica estaba estrechamente relacionada con la conciencia.[20] Formuló la hipótesis de que la realidad concreta existe solo porque hay criaturas conscientes midiéndola; una versión radical de la escuela filosófica conocida como «idealismo». Aunque existe una forma menos cruda del mismo, con la que no tengo ningún problema, que afirma que nuestra experiencia de la realidad es inseparable de nuestras mentes, pero Wigner sostenía que la realidad en sí misma está subordinada a la mente, hasta un extremo que me cuesta tomar en serio.[21] El director de investigación de Everett, John Wheeler, se mostraba ambivalente respecto del estatus especial que Wigner asignaba a la conciencia, pero insistía a su vez en la idea de que la historia del universo en su conjunto está determinada retrospectivamente por las observaciones del mismo que los humanos eligen hacer. «El equipo que opera aquí y ahora —escribió— desempeña un papel innegable en el aparente resultado».[22] Aunque hablamos de personas muy inteligentes, cuyos puntos de vista deberíamos hacer un esfuerzo por comprender, estas proposiciones generales se antojan incompletas y antropocéntricas.

Con algo más de sobriedad, el físico matemático británico sir Roger Penrose ha señalado la gravedad como el posible mecanismo físico que anula la borrosidad cuántica cuando se trata de objetos suficientemente grandes.[23] Esta proposición y otras similares resultan mucho menos desconcertantes y en la actualidad se están intentado probar en los laboratorios.[24] Con todo, lo que estos experimentos sí han confirmado ya es que la velocidad aparente a la que el proceso de colapso se propaga por el espacio, disolviendo la borrosidad, es superior a la de la luz,[25] algo que no encaja con la teoría de la relatividad, que considera la velocidad de la luz como un límite absoluto.

En resumen, cualquiera que sea la forma en que intentemos explicar el colapso de la función de onda, las consecuencias no se ajustan a la física tal y como la conocemos. Eso es lo que llevó al alumno de Wheeler, Everett, a preguntarse si el colapso es real. La genialidad de su propuesta fue reconciliar borrosidad y certeza, al sugerir que la experiencia de una persona que habite en un mundo borroso tendría una apariencia tan concreta como la nuestra; el colapso parecerá tener lugar, incluso si en realidad no lo tiene.

Para lograr esta ilusión, Everett reformuló la borrosidad como una serie de universos alternativos superpuestos entre sí.[26] En el interior de cada uno, las cosas parecen ciertas, pero, tomados en conjunto, los universos constituyen un «multiverso» con un abanico de posibilidades, en lugar de una realidad única y definitiva. Por decirlo con mayor precisión, los universos individuales, como el que parecemos habitar, ofrecen solo una visión parcial de la realidad, son como una sombra de la papilla cuántica esencial.[27]

Uno de los pioneros de la computación cuántica, David Deutsch, ha señalado que, en la descripción de Everett, la extraordinaria potencia de los ordenadores cuánticos se debe a una razón clara: los símbolos borrosos de estas máquinas hacen uso de los universos superpuestos para realizar múltiples cálculos simultáneamente, a diferencia de los ordenadores tradicionales, que se basan en un único universo.[28] Es decir, si Everett está en lo cierto, tu portátil existe en múltiples universos, pero no tiene forma de establecer comunicación entre ellos. Al igual que nuestra percepción, que se ciñe a una sola realidad, la máquina no puede acceder a nada de lo que sucede en los mundos paralelos. Y no se trata esto de una pura suposición: existe un efecto matemáticamente demostrable y conocido como «decoherencia» que hace que sea casi imposible acceder a la información de las realidades alternativas, incluso si están presentes. Una computadora cuántica, por otro lado, está diseñada para evitar la decoherencia y, por lo tanto, para hacer un uso astuto de varios mundos paralelos a la vez. Desde el punto de vista de Everett y de Deutsch, el verdadero reto de construir un ordenador cuántico estriba precisamente en la necesidad de mantener la comunicación entre estos mundos paralelos.

Incluso aunque tenga sentido lógico y cuente con defensores de prestigio, la afirmación de Everett de que la borrosidad de la mecánica cuántica se corresponde con todo un multiverso de realidades posibles es profundamente desconcertante. Parece entrañar un derroche extraordinario de universos. ¿Acaso no es suficiente con uno?

Quizá no: creo que debemos desconfiar del instinto humano en estos asuntos. En el siglo XVI existía un ferviente apego a la idea de que la Tierra era el centro del universo. A principios del siglo XX, eminentes astrónomos argumentaron con gran vehemencia que no existían galaxias más allá de la nuestra. Así que sospecho que muchos de los argumentos esgrimidos en contra del multiverso cuántico son solo una muestra más de una costumbre muy humana: tratar de negar nuestra irritante insignificancia.[29]

LA COSMOLOGÍA CUÁNTICA

La física cuántica describe una realidad completamente diferente del mundo cotidiano que habitamos. Los objetos microscópicos individuales consisten la mayor parte del tiempo en una suerte de neblina difusa, pero pueden cobrar nitidez cuando un observador decide mirarlos. La solución de Everett para tratar de entender esta descripción consiste en imaginar esta papilla cuántica como un conjunto incalculable de universos paralelos, de los cuales solo llegamos a experimentar uno. Por muy extravagante que parezca, la idea de Everett me parece mejor que otras alternativas que conllevan la formulación de nuevas leyes físicas o incluso atribuir un papel especial a la conciencia en la determinación de la realidad objetiva.

La teoría de Everett implica que, después de todo, los efectos cuánticos no se limitan a la escala microscópica, sino que se extienden por todo el universo y más allá, si uno sabe cómo buscarlos. Esta línea de pensamiento alentó a los físicos a aplicar las leyes cuánticas a todo el cosmos, algo que, de hecho, resulta clave para dar sentido a las simulaciones.

Recordemos que, como vimos en el capítulo anterior, el universo se está expandiendo y que, en algún momento del pasado, tuvo un tamaño igual a cero: en el Big Bang. Nuestras simulaciones no pueden comenzar con el propio Big Bang porque el universo tendría una densidad, una presión y una tasa de expansión infinitas. Las ecuaciones de la relatividad general fallan cuando se aplican a resolver todos estos infinitos, y entonces el resultado se conoce como «singularidad». Al igual que sucedía con las simulaciones de agujeros negros, en las que se recurría a los exóticos agujeros de gusano para evitar que aparecieran las singularidades centrales, la del Big Bang tiene que evitarse de alguna manera también. Con todo, las dificultades no son tantas, ya que en el caso del Big Bang los cosmólogos sitúan el inicio de la simulación en algún momento posterior a los instantes iniciales del universo. Por lo general, elegimos el punto de partida alrededor del 0,1 por ciento de sus trece mil ochocientos millones de años.

La desventaja de esta solución es que necesitamos condiciones iniciales que representen adecuadamente el estado del universo en ese momento posterior al Big Bang (de la misma manera que las simulaciones meteorológicas deben partir de mediciones precisas de la atmósfera en el presente para predecir su estado al día siguiente). Si el universo surgió realmente de una singularidad, no existe, por definición, una ley que nos diga cuáles tuvieron que ser esas condiciones iniciales. Sin embargo, tratándose de lo opuesto a lo predecible, la mayoría de los cosmólogos conjetura que se trataría de un escenario tremendamente errático.[30] Puede que algunas regiones cósmicas fueran frías y desoladas, y otras calientes y densas. Ni siquiera podemos dar por sentado que las mismas leyes físicas imperaran en todas partes. Lo más probable es que algunas regiones sí estuvieran regidas por las leyes que nos son familiares, pero que otras, mucho más desordenadas, lo estuvieran por unas completamente diferentes.

Estas condiciones parecen alejarse de las de nuestro universo, que podríamos describir hasta cierto punto como monótono. Ningún barrio cósmico parece diferenciarse mucho de los demás: los planetas, las estrellas y las galaxias son, hasta donde sabemos, similares en todas partes. Eso no quiere decir que todas las galaxias sean idénticas, ya que su tamaño, su color y su forma varían, aunque no en exceso, de una región a otra. Pero todas parecen ceñirse a las mismas leyes físicas, y están compuestas por la misma combinación de gases y materia oscura.

Es como un pastel con frutas: una inspección minuciosa puede revelar que algunas porciones tienen más pasas y que otras tienen más cerezas, pero la consistencia general es uniforme. La cuestión es que, tras la singularidad del Big Bang, no existe un mecanismo obvio que haya determinado esta homogeneidad. De hecho, lo más probable hubiera sido que alguna porción terminara con un montón de pasas, otra con un exceso de albaricoques y, contra todo pronóstico, alguna otra con un huevo revuelto.

La mecánica cuántica es nuestra mejor esperanza a la hora de introducir en las simulaciones unas condiciones iniciales fundadas en principios y, desde luego, es una herramienta que nos proporciona nuevas perspectivas. En primer lugar, nos muestra que las ecuaciones de la relatividad general estaban destinadas desde un principio a resultar insuficientes, ya que la teoría no engloba la incertidumbre ni el entrelazamiento, dos nociones que los físicos saben ahora que son cruciales. Si pudiéramos incluir adecuadamente los efectos de la mecánica cuántica en los modelos, la singularidad podría ser reemplazada por algo más manejable. Un intento en esa dirección es la propuesta de un universo sin límites, conocida como «estado de Hartle-Hawking», que Stephen Hawking hizo célebre en su libro *Breve historia del tiempo*. Para él y su colega James Hartle, la singularidad del Big Bang era como una barrera física para el tiempo en sí; la mecánica cuántica la curvaría de tal modo que no tendría un punto de partida definido y, por lo tanto, tampoco singularidad.

Con todo, la propuesta sigue siendo solo eso, una propuesta, y sus implicaciones continúan debatiéndose. En la práctica, hasta ahora no ha proporcionado mucha información útil para la cosmología observacional o computacional, en parte porque no contamos con una descripción coherente de la gravedad cuántica, es decir, de la unión entre la gravedad descrita por Einstein en su teoría de la relatividad general y la mecánica cuántica.

Estas teorías son particularmente difíciles de combinar. Por ejemplo, la existencia de los agujeros negros parece contradecir una parte de la teoría cuántica: los primeros se tragan partículas junto con la información que transportan sobre el universo que las produjo, mientras que la segunda implica tajantemente que la información no se puede perder en ningún caso de esa manera. Los expertos llevan décadas intentando eludir estas dificultades y proporcionar una descripción viable de la gravedad cuántica, lo que ha originado una verdadera explosión de hipótesis que incluyen, entre otras, la teoría de cuerdas, la gravedad cuántica de bucles y los conjuntos causales. Las ideas no escasean, pero sí los resultados concretos aplicables a la cosmología.

Por suerte, existe una segunda perspectiva cuántica sobre el universo temprano que ha contribuido mucho más al debate en términos de predicciones comprobables y, de nuevo, viene con aportaciones cruciales de Hawking. En lugar de recurrir a la estrategia del universo sin límites, consistente en reemplazar la singularidad por completo (algo que depende de una física que nadie entiende aún), una hipótesis alternativa considera que nuestro uniforme universo habría surgido independientemente de lo que hubiera sucedido en los momentos iniciales.

Si bien esta propuesta se basa en elementos de la teoría cuántica y la relatividad general, no requiere que ambas estén en absoluta consonancia. Su brillantez radica en aplicar las teorías a aspectos distintos y mutuamente excluyentes del cálculo, sin hacer grandes suposiciones sobre cómo deberían combinarse en última instancia. Voy a explicar este cálculo con cierto detalle, porque es el mejor enfoque del que disponemos en la actualidad para comprender cuáles deberían ser las condiciones iniciales de las simulaciones; un enfoque que sugiere que los efectos cuánticos impregnan toda la estructura del universo.

La inflación

En 1980, el cosmólogo Alan Guth andaba reflexionando sobre la forma en que la materia y la energía cambian a medida que envejece el universo. El hielo no puede existir por mucho tiempo a temperatura ambiente porque se convierte en agua. El agua no durará demasiado si se hierve porque se convierte en vapor. Guth, no obstante, sabía que las fases de la materia se extienden mucho más allá de estos estados cotidianos. El físico teórico Steven Weinberg ya había aventurado que incluso las partículas subatómicas como los electrones, los neutrinos y los fotones dejan de existir a temperaturas lo suficientemente altas para convertirse en un tipo de energía más pura. Guth sugirió que, a temperaturas todavía más elevadas, cualquier partícula restante pierde su identidad y se convierte en una forma abstracta conocida como «condensado de campo escalar», un fenómeno que solo es posible en la física cuántica. Si esa teoría fuera correcta, según los cálculos de Weinberg, después del Big Bang el universo habría entrado en una fase en la que su escala se duplicó aproximadamente cada 10^{-35} segundos, impulsado por esta extraña forma de energía. Tal comportamiento se conoce como «expansión exponencial».

Los campos escalares no son del todo hipotéticos; su existencia fue indirectamente confirmada cuando el Gran Colisionador de Hadrones detectó, en 2012, el bosón de Higgs, una partícula que está asociada con un campo escalar. Pero lo que no sabemos a ciencia cierta es si hay algún campo escalar que se comporte como haría falta para originar la expansión temprana del universo. Alan Guth supuso que podría haberlo habido y analizó las consecuencias derivadas de esa hipótesis.

En persona, Guth es cercano y algo irónico, rasgos que resuenan en el nombre que propuso para este hipotético periodo inicial del cosmos: «inflación». El término es un guiño al otro gran factor exponencial de nuestra vida: el aumento del coste de la vida. Según el Banco de Inglaterra, veinte libras esterlinas en 2021 solo daban para comprar lo que se compraba con diez libras esterlinas en 1990,[31] un dato que arrojaría un ritmo de duplicación de treinta y un años (si bien esa tasa se ha acelerado de manera mucho más preocupante en los últimos tiempos). En la Alemania del periodo de entreguerras, el aumento de la inflación fue catastrófico: los precios se duplicaron veintinueve veces solo durante el año 1923.[32] Este último ejemplo ayuda a comprender un poco mejor lo espectacular de la inflación cósmica.

A diferencia de la financiera, sin embargo, la velocidad de la inflación cósmica es un fenómeno positivo para los físicos porque mitiga las consecuencias problemáticas de la singularidad inicial. Para que la idea de Guth se sostenga, la inflación debe prolongarse durante un mínimo de noventa duplicaciones, después de lo cual la tasa de expansión disminuye drásticamente. Hoy en día, el universo duplica su escala solo cada diez mil millones de años más o menos, un ritmo mucho más pausado.[33] Debido a este contraste, la inflación cósmica suele describirse como un breve y brusco estiramiento del universo acaecido al principio de su historia, capaz de enderezar cualquier pliegue y arruga para configurar un espacio regular y uniforme.

Pero, aunque esta descripción aporte cierta satisfacción intuitiva, solo captura una parte de la historia. Para comprender el poder real de la inflación, lo mejor es imaginar el relato cósmico al revés, convirtiendo la expansión en contracción. Así, durante el periodo que antes correspondía a la inflación, la escala general del universo se reduciría a la mitad cada 10^{-35} segundos, más o menos. Pero la mitad de algo nunca equivale a la nada. Del mismo modo que no podemos hacer desaparecer una hoja de papel cortándola por la mitad, a medida que nos remontamos hacia atrás en el periodo de inflación, el espacio es cada vez más pequeño, pero su tamaño nunca es igual a cero. Por el contrario, la historia invertida de un universo en el que no haya inflación sí podría alcanzar el tamaño cero (esto es, la singularidad) sin dificultad alguna.

Desde la perspectiva invertida, la inflación hace retroceder la singularidad apenas un poco más en nuestro pasado. Los cálculos que ignoran esta hipótesis predicen que el universo observable en la actualidad se expandió originalmente de cero al tamaño de un balón de fútbol en menos de 10^{-35} segundos. Los cálculos que sí incluyen la inflación multiplican ese tiempo por alrededor de cien, ya que cada reducción a la mitad habría tardado lo mismo y se habrían producido al menos noventa de ellas. (Los cálculos son, por supuesto, mucho más complicados y existe una incertidumbre considerable acerca de las cifras precisas, pero esto nos da un sentido general del efecto).

Hablamos aquí de periodos excepcionalmente cortos todavía, pero, aun así, un aumento de unos 10^{-35} segundos a, al menos, 10^{-33} tiene importantes repercusiones. Imagina que un soplador de vidrio está creando un jarrón a partir de distintos fragmentos con una abigarrada mezcla de colores (una analogía algo vaga para describir el grado de desarticulación que se le supone a la singularidad). En la descripción tradicional del Big Bang, el jarrón se infla en tan poco tiempo que no hay margen para que los colores se mezclen; este sería el universo impredeciblemente variado que mencioné antes, en el que cada parte del jarrón sigue siendo muy diferente de las demás. Pero el incremento centuplicado del tiempo que ofrece la inflación permite que los colores fluyan juntos y produzcan un resultado mucho más uniforme. Este vidrio ligeramente moteado se corresponde mejor con el homogéneo cosmos que parecemos habitar.

Si la historia de la inflación concluyera ahí, no sería más que una teoría ingeniada para explicar lo que ya sabíamos: que las diferentes partes del espacio son bastante similares entre sí. Pero hay algo más. Las leyes de la mecánica cuántica impiden que la inflación genere un universo perfectamente regular. El principio de incertidumbre requiere que haya ligeras variaciones, de modo que cada pequeña parte del incipiente universo contenga un poco más o un poco menos de materia que sus vecinas. Dicho de otro modo, aunque los colores de nuestro jarrón imaginario aparezcan bien mezclados, quedarán también rastros dispersos de esa irregularidad.

Como he mencionado antes, cuanto más lejos esté lo que observamos en el cosmos, más tiempo habrá tardado la luz en llegar hasta nosotros. Con el tipo adecuado de telescopio, es posible encontrar radiación casi tan antigua como el propio universo, un resplandor conocido como «fondo cósmico de microondas». Las fluctuaciones de esta luz (incrementos y reducciones en su intensidad) se empezaron a medir a partir de la década de 1990 y coinciden maravillosamente bien con las predicciones hechas en 1982 en base a la inflación por varios físicos, incluidos Stephen Hawking y Alan Guth.[34]

Una forma de visualizar la escala de las variaciones previstas es pensar en las ondulaciones de la superficie de un mar en calma. El agua tiene kilómetros de profundidad, pero las ondas que se forman en la parte superior tienen de dos a cinco centímetros como máximo y son apenas perceptibles. Ahora bien, si incluimos esta clase de ondas diminutas en simulaciones con materia oscura, la gravedad se hace con el control y las ondas dan lugar a galaxias y la vasta estructura de la red cósmica a nuestro alrededor. Dado que la formación de estrellas y del sistema solar solo pudo producirse en el interior de una galaxia preexistente, podemos concluir que el conjunto de lo que vemos, incluido todo lo que hay en la Tierra, probablemente debe su existencia a efectos cuánticos aleatorios acaecidos en la primera fracción de segundo del universo. La mecánica cuántica, la gravedad, la materia oscura, el fondo cósmico de microondas, la red de galaxias y nuestra propia existencia; todo ello aparece hermosamente unido en esta visión.

Los cálculos efectuados en 1982 no determinaron con precisión qué aspecto tendrían esas ondas —eso hubiera contravenido lo estipulado por la incertidumbre—, pero sí hicieron predicciones sobre su tamaño y su forma medios. La diferencia entre ambos aspectos es parecida a la existente entre predecir dónde se encuentran cada cresta y cada valle de una onda en la superficie de un océano —algo claramente imposible— y elaborar un cálculo aproximado sobre cuántas crestas y valles podemos encontrarnos, a qué altura y a cuánta distancia están entre sí. La inflación cuántica solo nos permite realizar esta clase de predicciones, brindándonos un resumen de los tipos de onda que cabe hallar (conocido por los expertos como «espectro de potencia»), pero no los detalles de las ondas particulares existentes en nuestro universo.

Y he ahí lo que nos trae de cabeza a quienes trabajamos con simulaciones cósmicas. Partimos en busca de las condiciones iniciales de nuestro cosmos con la esperanza de que, como sucede con las simulaciones meteorológicas, si lográbamos recrear de manera precisa el universo temprano, nuestros modelos informáticos predecirían todo lo sucedido a continuación: por qué se da una combinación particular de tipos de galaxia, qué determina las características de cada una o cómo llegó a existir la Vía Láctea. En resumen, buscábamos una historia única y definitiva para poder ubicarnos dentro del contexto cósmico, pero nos encontramos con una suerte de espuma cuántica aleatoria, descrita por un resumen del espectro de potencia.

Los cosmólogos ven esta espuma como ondas específicas en el fondo cósmico de microondas, y como un conjunto específico de galaxias que nos rodean aquí y ahora. Pero la realidad, si hemos de creer a Hugh Everett, no consiste solo en un universo, sino en una infinidad de universos que contienen todos los conjuntos de ondas congruentes con el espectro de potencia, lo que a su vez implica todos los conjuntos posibles de galaxias, estrellas y planetas. Dentro de esta colección de universos factibles, cada uno evoluciona según la serendipia de sus propios patrones aleatorios. Dicho de otro modo, nuestro universo específico fue originado por el lanzamiento de múltiples dados y no tenemos forma de saber qué resultados exactos arrojaron cada uno de ellos, por lo que no hay forma tampoco de recrear con precisión cómo comenzó todo. Antes incluso de que podamos empezar a ubicar nuestra propia historia, tenemos que simular la multiplicidad de diferentes posibilidades.[35]

¿Cómo vamos a hacer frente a la simulación de semejante papilla? Puede que el progreso constante de la computación cuántica revolucione algún día la química computacional, pero es poco probable que acuda también al rescate de los simuladores cosmológicos. La naturaleza de nuestro problema cuántico es muy diferente, porque el universo es abrumadoramente complejo si lo comparamos con una molécula. Así, para sernos útiles de verdad, los ordenadores cuánticos tendrían que ser mucho más potentes todavía. Es posible que nunca alcancemos este nivel de sofisticación y, desde luego, no es algo que vaya a suceder mientras yo viva.

Mientras tanto, las simulaciones realizadas por ordenadores tradicionales solo pueden recrear uno de los universos posibles y tienen que olvidarse de los demás. Y ese cosmos virtual individual no será idéntico al nuestro en todos sus detalles, ya que los dados seguramente arrojarán un resultado diferente. Dicho esto, cabe añadir que la aleatoriedad no implica una completa imprevisibilidad. Y esto es algo que podemos observar en situaciones cotidianas. Por ejemplo, si lanzamos dos dados y sumamos ambos resultados, sabemos que sacar un doce (que requiere un doble seis) es más difícil que sacar un siete (que se puede obtener con varias combinaciones, como seis y uno, o cinco y dos). Por tanto, es legítimo preguntarse qué tendencias y regularidades emergen de los procesos aleatorios del universo, aunque sea imposible lograr una recreación exacta.

De ahí que muchos astrónomos no se fijen demasiado en los detalles de las galaxias individuales, sino en la combinación general de tamaños, formas, colores, luminosidad, etc. Si calculamos en una sola simulación todos estos parámetros relativos a todas las galaxias existentes en vastas regiones cósmicas, luego podemos compararlos con los datos obtenidos de observaciones de regiones igualmente grandes del universo real. No se trata de verificar un parámetro cada vez, ya que también podemos comprobar la correlación de las diferentes propiedades (entre el tamaño y el número de estrellas, por ejemplo, o entre la forma y el color). Este método de verificación se ha aplicado con mucho éxito en años recientes y el conjunto de galaxias virtuales concuerda hoy en general notablemente con la realidad.[36] Lo que simulamos de este modo es más parecido al clima que al tiempo meteorológico, es decir, verificamos patrones generales de nuestro cosmos particular, en lugar de detalles específicos.

El éxito de esta empresa no se traduce automáticamente en conocimiento. Si el propósito de una simulación es interpretar y comprender el universo real, recrear tendencias no resulta especialmente valioso en sí mismo; lo relevante es señalar su razón de ser. En el capítulo 3, expliqué cómo las simulaciones lograron reproducir las sombras de tenues galaxias fragmentarias procedentes del universo primitivo. Ese avance sería bastante anodino si la subcuadrícula de la simulación se hubiera ajustado específicamente para lograr tal coincidencia. Pero no fue así: lo emocionante fue descubrir cómo los procesos de subcuadrícula diseñados para comprender las galaxias del universo actual servían también para interpretar a sus ancestros lejanos. El valor científico del estudio de tendencias en las simulaciones consiste en establecer tales relaciones, no en reproducir las tendencias porque sí.

En sentido estadístico, este estudio puede ser muy fructífero, pero las revelaciones que puede aportar tienen un límite. No existe ninguna galaxia media, como tampoco existe el humano medio. Por otro lado, y esto es más peligroso, las tendencias no implican necesariamente una relación directa («correlación no implica causalidad», reza el aforismo). Esto se puede ilustrar de muchas maneras. Por ejemplo, las personas que compran en Harrods tienden a ser ricas, pero eso no significa que ser rico te haga comprar allí ni, desde luego, que comprar en Harrods te haga rico (en todo caso sería más bien al revés). Del mismo modo, si las tendencias de las galaxias simuladas concuerdan con las de la realidad, no hay que sacar conclusiones precipitadas sobre el porqué de tales relaciones. Para comprender qué hace que las galaxias sean únicas necesitamos adoptar otro enfoque.

EXPERIMENTOS CON SIMULACIONES

En 2016, mis colegas Nina Roth e Hiranya Peiris y yo empezamos a preguntarnos si, a pesar de la aleatoriedad cuántica, podríamos encontrar formas de profundizar un poco más en las conexiones causales entre el universo primitivo y el tardío, es decir, en por qué todo resulta ser como es.[37] Peiris colabora conmigo desde hace mucho tiempo, tiene una intuición inmensa y un don para formular grandes preguntas. Roth era investigadora posdoctoral en el grupo de Peiris y había desarrollado hacía poco un código informático capaz de generar condiciones iniciales adecuadas para simulaciones cosmológicas. Como sucede con esa clase de códigos, contenía un generador de números aleatorios, un método para crear un universo específico a partir de la multiplicidad predicha por la mecánica cuántica. Lo que pensamos fue que, si bien la inflación nos dice que el universo temprano produjo resultados aleatorios, no hay ninguna necesidad de que las simulaciones hagan lo mismo.

Imaginemos que queremos conocer los posibles resultados del juego de mesa *Serpientes y escaleras*; en lugar de tirar los dados directamente, podríamos preguntarnos: ¿qué pasaría si sacara un seis? ¿Y si sacara un cinco? Podríamos incluso probar en alguna partida lo qué sucedería en ambos escenarios. Esto implica saltarse las reglas, pero nos ayuda a comprender mejor el rango de resultados posibles.

Alterar las condiciones iniciales de una simulación para que ya no sean completamente aleatorias es como realizar este tipo de experimento hipotético dentro de un cosmos virtual. En lugar de aceptar las restricciones del azar, Roth adaptó su código para manipular las estadísticas cuánticas del universo primitivo, elaborando una serie de alternativas. E incluso después de haber simulado nuestras galaxias una vez, nos preguntamos: ¿cómo serían en un universo donde las ondas fueran ligeramente diferentes? ¿Cómo se desarrollaría la historia cósmica en otros escenarios alternativos?

El nombre con que hemos bautizado este método es «modificación genética», en referencia a los experimentos en los que los biólogos toman los genes de una especie y los empalman con el

ADN de otra para estudiar el organismo resultante. De manera similar, podemos «editar» el universo primitivo y luego realizar nuevas simulaciones para estudiar cómo se desarrollan las galaxias modificadas, comparándolas con la versión original para comprender los cambios. Las leyes de la mecánica cuántica no ofrecen forma alguna de modificar los resultados aleatorios de la realidad, pero dentro de las simulaciones somos libres de probar diferentes posibilidades. Trabajando en equipo, hemos sido capaces de aislar, por ejemplo, los múltiples factores que determinan el brillo de las galaxias y averiguar por qué en algunas de ellas dejan de formarse estrellas.[38]

Podemos ir aún más lejos y hacer cambios radicales que conviertan los cúmulos gigantes de galaxias en vacíos cósmicos transformando lo que solía ser la cresta de una onda cuántica en un valle.[39] Manipulaciones como esta brindan una nueva perspectiva sobre por qué algunas regiones del universo están notablemente vacías y esto aumenta la precisión de nuestras deducciones respecto de las observaciones de la red cósmica. Esta precisión adicional puede ser crucial para comprender mejor la materia oscura y su contraparte, aún más extraña, la energía oscura.[40]

La energía oscura es muy débil y prácticamente insignificante en nuestro planeta, en el sistema solar e incluso en nuestra galaxia, pero se encuentra en todas partes, hasta en las regiones casi vacías. Su ubicuidad hace que sus efectos puedan acumularse drásticamente con la distancia. En total, parece superar en abundancia a la materia, pues se cree que constituye alrededor del 70 por ciento de todo en el universo. Además, la materia (ya sea oscura o visible) se diluye a medida que el universo se expande, pero la energía oscura no, por lo que al final llegará a constituir cerca del ciento por ciento de todo lo que hay. Según las extrapolaciones actuales, durante los próximos cien mil millones de años o más, la energía oscura será tan ubicua que llegará a detener por completo la formación de galaxias, y las estrellas que queden se irán atenuando hasta desaparecer. Llegado ese punto, el universo entrará en un patrón de duplicación cada doce mil millones de años, expandiéndose sin cesar de una forma que recuerda sorprendentemente a la inflación, aunque mucho más lenta. Así como esta dicta el comienzo de nuestro universo, la presencia de un pequeño pero ubicuo rastro de energía oscura puede dictar su final.

Todavía no podemos estar seguros del todo de esta hipótesis. De 2009 a 2011 compartí espacio de trabajo con la astrofísica y escritora Katie Mack, quien, a pesar de ser una estupenda compañera de despacho, estaba obsesionada con la eventual desaparición de la civilización, asunto sobre el que mantenía sin parar animados debates. Luego, literalmente, escribió un libro sobre ello, gracias al cual todos podemos considerar las diferentes versiones posibles de nuestra futura extinción.[41]

Si bien su estudio invita a la reflexión, los efectos a tan largo plazo no me quitan el sueño más de lo que lo hace el poder destructivo del agujero negro que hay en el centro de nuestra galaxia. Para desarrollar una comprensión más profunda de la naturaleza, la energía oscura nos ofrece pistas más inmediatas y urgentes. Quizá pueda decirnos algo, por ejemplo, sobre la gravedad cuántica. Se pueden lograr grandes avances experimentando con posibles tipos de energía oscura dentro de las simulaciones para comprender cómo la aleatoriedad cuántica de la inflación interactúa con la gravedad, y la materia y la energía oscuras hasta conformar lo que vemos hoy. Todavía estamos muy lejos de entender exactamente lo que la energía oscura está tratando de decirnos, pero contamos con un laboratorio digital donde podemos juguetear para ir entendiendo cada vez más.

¿Existió la inflación realmente?

Para los pioneros como De Broglie, Von Neumann, Bohr, Heisenberg, entre otros, la idea de aplicar la teoría cuántica a todo el universo sería un anatema. Pero el excéntrico Hugh Everett demostró que no había por qué separar artificialmente los fenómenos cuánticos, a pequeña escala, de los fenómenos cósmicos, a gran escala. Los dos pueden convivir con relativa apacibilidad siempre que aceptemos que nuestro universo es una pobre sombra de una realidad más fundamental, con una escala verdaderamente aterradora. Sobre la base de esta perspectiva y de la idea de que los campos escalares pueden impulsar una expansión exponencial, los físicos elaboraron una teoría de la inflación que explica la uniformidad de nuestro universo y, al mismo tiempo, proporciona un mecanismo para explicar la variedad de galaxias que observamos en la realidad. La hipótesis explica el hecho de que la tarta cósmica sea tan homogénea y da cuenta, asimismo, de la particularidad de sus ingredientes individuales.

Estas ideas constituyen una gran extrapolación de la física probada en laboratorios, y desde luego no todos los cosmólogos están convencidos de que la inflación sea una teoría convincente,[42] pero nos sirven como herramientas provisionales mientras hallamos una imagen más completa de lo que sucedió en el universo primitivo. Al comparar la estructura de nuestro universo con los resultados de simulaciones basadas en la inflación y en la materia y la energía oscuras, podremos refinar nuestras especulaciones o reemplazarlas por ideas mejores aún inexistentes. Mientras tanto, hay más predicciones que analizar: ya se trabaja en la búsqueda de evidencias de la existencia de ondas gravitatorias que deberían haberse generado durante la inflación. Si se descubren estos indicios, la hipótesis de la inflación se verá reforzada.[43]

Aunque también cabe la posibilidad de que las dudas nunca se resuelvan del todo. A diferencia de lo que sucede con la materia oscura, es improbable que los experimentos terrestres puedan verificar la inflación en un laboratorio directamente. Las energías en juego son alrededor de un billón de veces mayores que las canalizadas por el Gran Colisionador de Hadrones. Incluso si tuviéramos la capacidad para construir un experimento que recreara estas condiciones, podría ser desaconsejable hacerlo. Cuando el LHC comenzó a operar, en 2010, se planteó la duda de que pudiera generar un agujero negro que se tragara la Tierra o, peor aún, que pudiera acabar con el universo tal como lo conocemos al desestabilizar partículas y provocar un cambio de fase como los que Weinberg y Guth hipotetizaron para explicar el origen del universo primitivo. Estos escenarios se evaluaron rigurosamente, si bien terminaron por descartarse porque las colisiones de energía que se producen en el LHC se dan de forma regular en todo el universo sin ningún efecto adverso.[44] Este argumento no sería aplicable, sin embargo, en el caso de un experimento que intentara replicar con todo detalle las condiciones de la inflación cósmica. Dicho experimento sí podría acabar con el universo tal como lo conocemos, algo que sería un poco bochornoso, así que casi mejor que no esté a nuestro alcance.

Aunque muchas de las teorías y fenómenos que he descrito hasta ahora en el libro son provisionales —desde la materia y la energía oscuras hasta los datos de la subcuadrícula referentes a las estrellas y los agujeros negros y, ahora también, la inflación y sus implicaciones para las condiciones cósmicas iniciales—, las simulaciones de nuestro universo no tienen más remedio que incluirlos. La discusión de otros fenómenos (los campos magnéticos, por ejemplo, o los pequeños trozos de materia llamados «rayos cósmicos», que se precipitan a través del universo a una velocidad cercana a la de la luz) podría ocupar también libros enteros. Y si bien sus efectos en las simulaciones se están estudiando intensamente, hasta el momento no han producido modificaciones importantes en nuestra comprensión, aunque sí han ayudado a pulirla. Por su naturaleza, una simulación nunca será exhaustivamente completa, pero he intentado esbozar cuáles son los ingredientes más importantes a la hora de describir las galaxias y sus implicaciones para el cosmos en su conjunto, al menos tal y como las entendemos en la actualidad.

Habiendo abordado los ingredientes, es hora de volver a examinar los resultados. Las predicciones de las simulaciones no se pueden comparar directamente con lo que hay ahí afuera, en el espacio. Los modelos informáticos son siempre aproximados, pues el caos amplifica a escalas cósmicas hasta la más mínima inexactitud, y la inflación, por su parte, ofrece una amplia gama de posibles puntos de partida, en lugar de un único comienzo de los tiempos.

Todo ello conlleva que los códigos de simulación solo puedan capturar pautas generales sobre cómo funciona el universo, de la misma manera que los climatólogos no pueden predecir con precisión qué tiempo hará dentro de un siglo. A pesar de eso, los cosmólogos tienen la posibilidad de comparar el universo real con el resultado de las simulaciones para inferir algo sobre la naturaleza de la materia oscura, o sobre la velocidad a la que la energía oscura está separando nuestro universo, o sobre las leyes físicas que determinaron el origen de todo, hace trece mil ochocientos millones de años.

Esas inferencias requieren filtrar de manera inteligente la enorme cantidad de datos recopilados por los telescopios automatizados. Estos se comparan con los resultados de las simulaciones, pero no a la manera simple, limitándonos a encontrar las diferencias. Parte del trabajo de un cosmólogo consiste en separar el trigo de la paja: decidir qué datos muestran una convergencia entre el mundo real y los virtuales, cuáles responden a una casualidad aleatoria y cuáles, sencillamente, no comprendemos bien todavía. No hay ser humano capaz de digerir todos los datos que se tienen sobre el universo, ni todos los resultados de todas las simulaciones, por eso nos apoyamos cada vez más en ordenadores. Pero delegar ese trabajo en las máquinas requiere simulaciones de un tipo completamente diferente: simulaciones del pensamiento humano.

6

Pensar

Las máquinas inteligentes han sido durante mucho tiempo un sueño humano. En la mitología griega, el dios Hefesto alumbró criaturas artificiales que podían moverse, interactuar y pensar. Según Homero, entre sus creaciones se contaban también dos perros guardianes de metal «que son inmortales y no envejecen nunca».[1] Muy práctico.

Un autómata dotado de la destreza mecánica necesaria para replicar los movimientos de un perro resultaría impresionante. Solo sincronizar las cuatro extremidades para que se desplace de manera eficiente sobre un terreno irregular requiere ya de una gran adaptabilidad: hay que escanear continuamente el perfil tridimensional del suelo, elaborar estrategias para atravesarlo con seguridad y luego convertir ese plan abstracto en movimientos físicos específicos ejecutados por las extremidades. Además de eso, para servir como perros guardianes, los robots de Hefesto tendrían que haber sido capaces de percibir amenazas potenciales en el entorno y reaccionar rápidamente a ellas de la manera más adecuada.

Todo eso precisa de un nivel de inteligencia y de autodeterminación que rara vez asociamos con los ordenadores. En el siglo XXI, sin embargo, la humanidad ha logrado desarrollar autómatas dotados de algunos de esos sofisticados rasgos. De hecho, se han llegado a hacer controvertidas pruebas con perros policía mecánicos.[2] Cuando se ponen en funcionamiento, estos robots y otros similares parecen inquietantemente reales. Hay algo en su forma de moverse que, combinado con su capacidad para concentrarse en un objetivo particular, transmite la sensación de personalidad. Hay un vídeo publicitario en que un humano intenta evitar que un perro robótico abra una puerta; la muestra de cómo el autómata supera la adversidad nos produce una suerte de impacto emocional.[3]

Todo sentido de conciencia está en el ojo del espectador, ya que nada indica que estos robots tengan alguna, pero sin duda son inteligentes. La distinción entre ambas es crucial, porque el origen y el significado de la primera es espinoso, mientras que la segunda puede reducirse a un esquema más simple: si algo se comporta con absoluta inteligencia, uno puede aceptar que es inteligente por definición. Tanto los seres humanos como los perros, las arañas o las babosas son inteligentes a su manera, por lo que, como es evidente, existen diferentes grados de esta cualidad. Pero, para evitar una enorme digresión, supongamos que reconocemos la inteligencia cuando la vemos, y dejemos por ahora la cuestión de la emoción y la conciencia para los filósofos y los neurocientíficos.[4]

Para dotar a las máquinas de inteligencia artificial, los programadores tienen que convertir los ordenadores, que funcionan con reglas muy rígidas, en aparatos pensantes flexibles. De primeras, esto suena disparatadamente ambicioso, pero, como vimos en los capítulos anteriores, también la idea simular un halo de materia oscura, una galaxia, un agujero negro, el universo o incluso una sola molécula sonaba disparatadamente ambiciosa al principio. El truco para abordar estos problemas de física ha consistido en crear imitaciones virtuales simplificadas de la realidad y en ir agregando detalles y matices en capas incrementales cuando era necesario.

La inteligencia también se puede imitar sin necesidad de replicar con precisión un cerebro humano o animal. A efectos prácticos, lo único que cuenta es la conducta de la máquina respecto del mundo exterior. Alan Turing tuvo ya esa intuición en 1950 y propuso un experimento en el que varios interrogadores humanos entablan una conversación a través de mensajes de texto sin saber si su interlocutor es un humano o una máquina.[5] Según el matemático, lo que determina que una máquina sea inteligente es si, después de mantener una conversación prolongada sobre cualquier tema determinado, las personas participantes no pueden saber con certeza si han hablado con otro humano o una máquina.

La prueba no es perfecta y se han planteado muchas objeciones al respecto, ya que, entre otras cosas, supone una visión muy estrecha de la inteligencia en términos de lenguaje humano. El arte, el deporte o la música serían una objeción justa, pero la tesis general de Turing era más profunda. A lo que se refería es a que una inspección física de una máquina no puede decirnos si es inteligente más de lo que el examen físico del cerebro de una persona nos dice sobre su aptitud para una tarea en particular. La única opción que nos queda, pues, es evaluar el comportamiento.

Desde principios de la década de 2020, las simulaciones del pensamiento humano parecen avanzar a gran velocidad en la programación de una inteligencia cierta. Como sucede con cualquier otro avance tecnológico importante (pensemos en la imprenta, la máquina de hilar, la máquina de vapor, la electricidad, los fertilizantes, los automóviles o internet), es probable que su impacto en la sociedad sea profundo y las consecuencias, difíciles de predecir. Por el momento, la inteligencia de las máquinas es muy inferior a la humana en términos de adaptabilidad general, pero ha logrado un grado de precisión y flexibilidad suficientes para desempeñar ciertas tareas limitadas pero cualificadas, como llevar registros, buscar información, diseñar imágenes, identificar rostros, redactar ensayos breves, conducir trenes, interpretar escáneres médicos, predecir hábitos de compra o incluso realizar análisis legales básicos.[6]

La inteligencia artificial se está convirtiendo también en parte imprescindible de muchas ciencias, incluida la cosmología. El Observatorio Vera Rubin es buen ejemplo de ello. Instalado en la cima de una montaña chilena, su telescopio no se emplea para enfocar objetos individuales, sino que está completamente automatizado y escanea el cielo para estudiar qué hay ahí fuera. Se espera que este aparato descubra, clasifique y monitoree alrededor de veinte mil millones de galaxias, al tiempo que busca y determina las trayectorias de miles de asteroides, comprobando los riesgos de colisión (una tarea no muy diferente a la de los autómatas de Hefesto, que escudriñaban el horizonte en busca de amenazas). El resultado de este ejercicio son quince terabytes (el equivalente a lo que ocupan noventa películas en calidad cine)[7] de información en bruto que nos llegarán cada noche durante diez años.

Convertir los resultados sin procesar de un telescopio como este en información sobre nuestro universo requiere un intenso procesamiento de datos. Hay que identificar los diferentes objetos que aparecen en cada fotografía individual para clasificarlos y determinar si son estrellas, galaxias, cuásares, asteroides o cualquier otra cosa, y después compararlos con imágenes anteriores para determinar si el objeto se está moviendo o si ha cambiado. Luego, los cosmólogos usarán esa información para estimar la distancia a la que están las supernovas, las galaxias y los cuásares y construir un mapa tridimensional del universo. Por último, este mapa se podrá comparar con las simulaciones cosmológicas para determinar qué implicaciones físicas pueden tener sus resultados; podrían revelar algo nuevo sobre la materia o la energía oscuras, por ejemplo. Se trata, en definitiva, de una labor ingente para la que los humanos precisamos de ayuda.

Durante al menos dos décadas, los astrónomos han trabajado con técnicas de inteligencia artificial para automatizar cada paso de este proceso. Una forma de hacerlo es comenzar construyendo un cerebro digital, inspirado libremente en el funcionamiento físico de las neuronas de nuestro propio cerebro. Como si fuera un bebé, el código informático resultante no posee conocimientos o habilidades intrínsecas, sino que debe ser entrenado para realizar las tareas requeridas. Para ello se le muestran miles o millones de ejemplos, que pueden ilustrar las diferencias entre las estrellas, los cuásares y las galaxias conocidos o, de manera más general, ilustrar cualquier tarea que deseamos que realice la máquina. El cerebro simulado responde a esta instrucción modificando las conexiones entre sus neuronas virtuales de forma análoga a lo que sucede en el aprendizaje biológico. Una vez completado el proceso, está listo para trabajar.

Este método, conocido como «aprendizaje automático», tiene una gran flexibilidad, si bien al mismo tiempo puede ser muy difícil entender lo que la computadora ha aprendido exactamente, por qué llega a determinadas conclusiones y si uno puede confiar en ellas a la hora de hacer deducciones científicas.

Abordaré ahora una visión complementaria de la inteligencia que presenta las características opuestas: es rígida, pero transparente y rigurosa en su pensamiento. Este enfoque se basa en la estadística bayesiana, un pequeño conjunto de principios lógicos que describen una idealización del pensamiento científico racional. En lugar de inspirarse en una vaga analogía con una estructura biológica maleable, el código informático describe aquí con precisión los pasos permitidos para elaborar cualquier razonamiento, junto con información de lo que ya sabemos, como, por ejemplo, acerca del brillo de las estrellas, los cuásares y las galaxias. Una gran ventaja de este método es que permite codificar directamente en el ordenador la experiencia humana, a diferencia del aprendizaje automático, donde todo debe aprenderse desde cero.

Vida en Marte

Uno de los primeros en reconocer las posibilidades de una forma lógica y preadiestrada de inteligencia artificial fue el destacado químico Joshua Lederberg. En 1942, con tan solo diecisiete años, tenía muy avanzada su carrera en la Universidad de Columbia y había comenzado a trabajar a tiempo parcial en uno de los laboratorios de investigación. Bajo la tutela de Francis Ryan, director del laboratorio, Lederberg desarrolló un extraordinario interés por la química orgánica y la vida. Tiempo después, la esposa de Ryan recordaría que «sabías que era Joshua el que estaba en el laboratorio porque se oía ruido de cristales rotos [...]. Su mente siempre iba mucho más deprisa que sus manos».[8]

En 1960, Lederberg ya había recibido el Premio Nobel y era un reconocido pionero de la biología molecular y consultor del programa espacial de Estados Unidos. La NASA estaba por entonces planificando las misiones del programa Viking, un proyecto ambicioso para aterrizar en Marte en busca de señales de vida, y Lederberg ayudó a diseñar los instrumentos que analizarían la composición química del suelo marciano.[9] El detector, un aparato conocido como «espectrómetro de masas», era parecido a los detectores de drogas y explosivos que se ven en los aeropuertos actuales.

Estos dispositivos adoptan un método oblicuo para detectar y clasificar moléculas. Como a esta escala los componentes son demasiado pequeños y numerosos, es prácticamente imposible desarrollar un microscopio capaz de ampliarlos y de tomar muestras fotográficas. Lo que se hace, en cambio, es destruir las moléculas mediante un bombardeo de electrones, de modo que el espectrómetro puede medir las masas de los fragmentos de la muestra,[10] con lo cual se registra una suerte de huella dactilar única, si bien extraordinariamente críptica, de la sustancia química que se está analizando.

Cuando se pasan sustancias prohibidas por uno de estos espectrómetros de masas, el aparato registra los resultados almacenados para análisis posteriores. De hecho, si conocemos la estructura química de una sustancia, una simulación informática puede recrear el efecto producido por un bombardeo de electrones y predecir el aspecto de la muestra, eliminando así la necesidad de tener que ensuciarse las manos en el laboratorio.[11] En cualquier caso, si obtenemos la huella de una sustancia desconocida, tanto un humano como un ordenador pueden compararla con el repositorio de compuestos conocidos en busca de alguna coincidencia.[12]

Los científicos llaman a esto resolver un «problema inverso», y aunque en teoría es posible, en la práctica entraña sus dificultades. Si tenemos a un criminal delante, registrar su huella digital es sencillo y se puede hacer rápidamente. Pero el problema inverso es más difícil: si lo que tenemos es una huella de la escena del crimen y necesitamos identificar al criminal, habrá que llevar a cabo una tediosa búsqueda en los registros. Si estamos buscando signos de vida en Marte, presente o pasada, la cosa se complica más aún, porque solo tenemos una idea vaga de los tipos de moléculas orgánicas que podemos encontrar y es muy posible, además, que estas no existan en la Tierra. Lederberg se dio cuenta de que el programa Viking necesitaba un sistema para inferir la estructura de nuevas moléculas. Era como tratar de resolver un asesinato en otro planeta, trabajando con las huellas de un tipo de criminal con el que probablemente nunca te hubieras cruzado antes.

Si dispusiéramos del tiempo suficiente, los humanos podríamos abordar este problema inverso de la siguiente manera: emitir una hipótesis sobre cuál puede ser esa estructura química, simular la correspondiente huella digital y después comparar la predicción con las muestras reales extraídas de Marte. Si no hubiera coincidencias, volveríamos a comenzar con una nueva hipótesis. *A priori* se trata de un método sólido, pero es excepcionalmente tedioso, porque se pueden conjeturar múltiples hipótesis razonables sobre las posibles moléculas.

Lederberg comprendió que la inteligencia humana podía ser reemplazada por un ordenador para realizar esta búsqueda, de modo que la máquina propusiera estructuras y comparara las huellas simuladas con la realidad automáticamente. En 1965, mientras trabajaba en la Universidad de Stanford, Lederberg conoció a Edward Feigenbaum, del departamento de Ciencias de la Computación. Por aquel entonces, este ya estaba interesado en la replicación informática de procesos de pensamiento científico y Lederberg le proporcionó el problema perfecto en el que trabajar. El proyecto resultante se prolongó a lo largo de dos décadas y es legendario dentro del campo de la inteligencia artificial: DENDRAL.*

La cadena lógica de DENDRAL progresó a lo largo de varias etapas clave. Primero enumeró todos los compuestos posibles generados a partir de un conjunto conocido de elementos. A continuación, examinó los resultados del espectrómetro de masas y, mediante un gran número de reglas preprogramadas por expertos humanos, realizó una predicción de cuáles de estos compuestos eran plausibles. Por último, utilizó una simulación física para generar una huella digital detallada de cada candidato y las comparó con la realidad. En general, el proceso permitió saltar rápidamente de los abstractos resultados del espectrómetro a una estructura química concreta.

El enfoque funcionó de maravilla, pero los resultados fueron decepcionantes: ni las sondas espaciales del programa Viking ni ninguna otra aeronave posterior han recabado pruebas concluyentes sobre la existencia de vida en Marte en algún momento presente o pretérito. Pero la búsqueda no ha concluido: las investigaciones sobre el terreno se reanudarán hacia finales de la década de 2020, cuando aterrice en el planeta el astromóvil Rosalind Franklin, desarrollado por la Agencia Espacial Europea y equipado con un espectrómetro de masas.[13] Cuando llegue, recorrerá la superficie marciana, deteniéndose en diferentes puntos para realizar perforaciones de dos metros de profundidad, buscando pruebas subterráneas de vida. Si se descubre algún indicio, la inferencia de la composición química de cualquiera que sea el hallazgo material se convertirá en uno de los proyectos científicos más importantes de nuestra época.

---

* El nombre deriva de «algoritmo dendrítico». El término «dendrítico» hace referencia a la estructura arbórea de las moléculas orgánicas.

La lógica bayesiana y los universos giratorios

En ciencia abundan los problemas inversos similares a este, también en la astronomía: reconstruir la historia de la formación de las estrellas de una galaxia, determinar la atmósfera de planetas distantes, considerar qué contiene el universo o buscar supernovas son todas tareas que en tiempos hubieran tenido que realizar expertos humanos examinando imágenes cuidadosamente. Siguiendo una lógica similar a la de DENDRAL, podemos reemplazar su trabajo por las repetitivas manipulaciones mecánicas de una máquina: un ordenador puede enumerar todas las hipótesis plausibles para una observación dada, calcular lo que se habría visto asumiendo cada una de las posibilidades individuales y, finalmente, comparar los resultados con la realidad para establecer qué explicación es la más adecuada de entre las disponibles.

Pero a este enfoque le falta todavía un ingrediente clave: la incertidumbre. Todo nuestro conocimiento es borroso hasta cierto punto. En este preciso instante, no tengo ni idea de si hubo vida en Marte alguna vez, pero si una misión espacial encuentra indicios, mi convicción podría aumentar aunque carezca de certezas. De manera similar, tampoco estoy completamente seguro de que exista la materia oscura, pero, dados algunos indicios y a falta de alternativas plausibles, considero que es bastante probable que sí exista.

Incluso cuando la incertidumbre parece haber sido eliminada, parte del trabajo de un científico consiste en mantener la cautela, porque la comprensión que tenemos de nuestros experimentos e instrumentos es incompleta y estos, a su vez, solo son capaces de realizar mediciones imperfectas. Consideremos el caso de la energía oscura. En el momento de escribir estas palabras, los métodos más precisos sugieren que esta constituye un 68,5 por ciento de todo el contenido del universo, pero la cifra real podría oscilar un 2 por ciento dentro de esta estimación.[14] La incertidumbre se ha reducido con el tiempo, a medida que los avances tecnológicos han permitido hacer mediciones más precisas, pero, aun así, conviene no abandonar la prudencia. Si admitimos la posibilidad de que la teoría de la relatividad general no sea del todo correcta, es concebible que los fenómenos que atribuimos a la energía oscura reflejen más bien nuestra comprensión incompleta de la gravedad, y no la presencia de una determinada energía, sea cual sea.[15] Así pues, tanto las inevitables imperfecciones de nuestras mediciones como el carácter especulativo de las teorías científicas implicadas suscitan dudas legítimas.

Por ilustrarlo con un ejemplo extremo, en mi cabeza no hay duda alguna de que el sol saldrá por el este. Pero es conveniente mantener siempre una duda residual ante la remota posibilidad de que exista alguna ley física no descubierta todavía por la humanidad; una ley que dicte que la dirección de rotación de la Tierra se invierta repentinamente el próximo martes por la noche, de modo que el sol salga por el oeste el miércoles. Parece una posibilidad muy poco probable, pero es difícil de descartar solo por motivos racionales. Los filósofos de la ciencia llaman a esto el «problema de la inducción»: ninguna acumulación de experiencia en el pasado permite descartar por lógica un cambio en el futuro.

Estas inquietudes tienen un carácter más esotérico que práctico, pero ilustran bien el hecho de que cada vez que citamos un resultado científico, aunque se trate de una operación sencilla, este lleva siempre aparejada la sombra de una duda. Hay casos, como el de por dónde saldrá el sol mañana, en que las dudas pueden permanecer implícitas, pero en otros, como el de la cuantificación de la energía oscura, es esencial incluirlas. Para reproducir un buen razonamiento científico, un ordenador deberá seguir el tipo de enfoque lógico y metódico de DENDRAL y, al tiempo, permitir la existencia de estos estratos de duda. Por suerte, contamos ya con un marco teórico perfecto para esta combinación: la estadística bayesiana.

En lugar de asignar a cada proposición la cualidad de verdadera o falsa, los científicos pueden asignarle un número entre uno y cero, al que llaman «probabilidad». Si el número es cero, la proposición es indudablemente falsa. Si es uno, la proposición es ciento por ciento cierta. Los enunciados acerca del mundo real se mueven, sin embargo, entre estos extremos, ya que no hay manera de certificarlos con absoluta garantía. Si encontramos pruebas que apoyan una idea, su probabilidad debería acercarse a uno; si la evidencia, por el contrario, parece contradecir la idea, la probabilidad debería acercarse a cero. Un científico robótico debe ser flexible y capaz de razonar también en este terreno en el que predominan los grises.

Supongamos que llego a un restaurante a la una de la tarde y que hago un pedido para llevar. Basándome en mis experiencias previas, estoy bastante seguro de que mi pedido estará listo en media hora. En términos bayesianos, la probabilidad de que la comida llegue en ese plazo es bastante cercana a uno. Pero a medida que pasa el tiempo y el pedido no llega, empiezo a preguntarme si se han olvidado de la comanda; de modo que la probabilidad de que la comida esté lista dentro del plazo esperado disminuye. A mi alrededor, otros clientes están esperando también y miran sus relojes. La probabilidad disminuye aún más. No logro tampoco llamar la atención de ningún miembro del personal, por lo que, cuando faltan segundos para la una y media, la probabilidad ya ha descendido casi a cero. Sin embargo, en el último momento, ¡el pedido llega! Súbitamente, la probabilidad asciende a uno de nuevo.

El ejemplo del restaurante sirve para ilustrar que las probabilidades reflejan grados de creencia y, en consecuencia, van variando a medida que llega nueva información. Pueden cambiar por completo de un momento a otro, y pueden diferir radicalmente de una persona a otra: el cocinero que prepara la comida o el camarero que ha visto que su compañero está sobrecargado pueden manejar de manera individual probabilidades muy diferentes a las que yo manejo. Sin embargo, y a pesar de ser distintas, ninguna de ellas es incorrecta; más bien, son todas condicionales, por lo que sus diferencias reflejan los grados diversos de información que poseen las personas implicadas.

Hasta ahora, me he limitado a exponer los motivos por los que las probabilidades pueden aumentar o disminuir, sin entrar a analizar cuál es el valor numérico exacto de esas variaciones. En un caso como el del restaurante, rara vez cuantificamos o comparamos las probabilidades numéricas, por lo que la precisión puede parecer prescindible. Pero en el caso de un científico robótico, que emplea probabilidades para evaluar nueva información sobre nuestro cosmos, es esencial saber si los nuevos datos modificarán el equilibrio de probabilidades de manera decisiva, solo un poco o casi nada. La tesis central de la estadística bayesiana es que solo existe una forma razonable de actualizar las probabilidades a la luz de nueva información. Esta modificación se determina mediante una ecuación conocida como «teorema de Bayes», del que derivan los términos «probabilidad bayesiana», «lógica bayesiana» y «estadística bayesiana». (Lo cierto es que la contribución de Thomas Bayes, clérigo del siglo XVIII, al establecimiento del campo de estudio que lleva su nombre fue más bien secundaria; fue el físico Pierre-Simon Laplace quien desempeñó el papel más importante, pero el nombre de Bayes quedó ligado por siempre a dicho campo).[16]

El teorema de Bayes expresa en forma matemática el marco mental de que nada es seguro y que nadie puede decirnos a ciencia cierta qué esperar, pero que las nuevas evidencias deberían cambiar nuestras opiniones de manera predecible. En astronomía, la importancia práctica de la probabilidad bayesiana es enorme. Se ha vuelto crucial para traducir las observaciones del fondo cósmico de microondas en estimaciones sobre la composición del universo, para descifrar las ondas gravitatorias y comprender mejor los agujeros negros, para inferir las propiedades de los planetas distantes y para evaluar la materia oscura dentro de la Vía Láctea.[17] Se trata, en todos los casos, de problemas complejos que no pueden resolverse con ninguna prueba individual. Bayes (o, más exactamente, Laplace) nos legó un marco capaz de integrar las diferentes observaciones y resultados en un cálculo unificado de lo que es probable e improbable.

La probabilidad bayesiana ha sido fundamental en mi propia investigación, y uno de mis ejemplos favoritos de su aplicación atañe a cómo se mueve la materia en el universo. En el capítulo 2, mencioné que Vera Rubin se había preguntado si el cosmos en sí estaba sometido a una rotación general, lo que provocó la airada respuesta del editor del *Astrophysical Journal* y de otros reputados expertos que afirmaban que aquella pregunta estaba fuera de lugar.[18] Hoy tenemos una perspectiva diferente sobre la cuestión y sabemos que la pregunta de Rubin es vital. Los cálculos teóricos realizados al respecto por Stephen Hawking en los años sesenta y setenta arrojaron la conclusión de que era perfectamente posible que el universo se moviera en espiral, pero que si se produjera algo como la inflación, esta acabaría con dicho giro.[19] Por lo tanto, determinar si existe o no la rotación cósmica nos ayuda, a su vez, a saber más sobre el universo temprano.

Hace unos años, apliqué la lógica bayesiana a este problema. Después de que Rubin suspendiera su búsqueda, Hawking realizó algunos cálculos preliminares sobre cómo se distorsionaría la luz del Big Bang en escenarios giratorios,[20] y durante mi doctorado, yo dejé un tiempo de lado las simulaciones para realizar un cálculo más completo de esos efectos.[21] La predicción mostraba una suerte de remolinos psicodélicos en el fondo cósmico de microondas, como si alguien se hubiera dedicado a revolver regiones frías y calientes a lo largo y ancho del universo. Si bien tales remolinos no eran deducibles a partir de los datos, su tamaño e intensidad tenían que depender de la velocidad exacta a la que girara el universo; y una levísima rotación residual podría quedar oscurecida en parte por las ondas cuánticas.

En 2016, mis colaboradores y yo trabajamos con una nueva estudiante, Daniela Saadeh, para peinar el fondo cósmico de microondas en busca de estos sutiles remolinos. No es un ejercicio que pueda realizarse sin ayuda de un ordenador. Para empezar, hay una cantidad abrumadora de información (similar a la que contiene la foto de una cámara digital de cincuenta megapíxeles). Además, esta imagen gigantesca debe compararse no solo con una sola huella, sino con un catálogo desalentadoramente grande de posibilidades: un universo giratorio puede rotar a cualquier velocidad y en cualquier dirección. Debido a todos estos factores, la humanidad nunca tendrá una respuesta definitiva sobre si el universo gira o no gira, pero la estadística bayesiana nos permitió calcular las probabilidades.

La probabilidad de que el universo girara era asombrosamente pequeña: un 0,0008 por ciento, o de uno entre 121.000. El código informático desempeñó el papel de un experto diligente y, tras una búsqueda exhaustiva, nos informó de que, si bien no puede descartarse por completo que el universo gire, la posibilidad de que algo así suceda es excepcionalmente remota. Tomamos esto como una señal más de que la hipótesis inflacionaria, en la que se excluye la rotación del universo temprano, parece sólida.

Este estudio era un proyecto bastante especializado (aunque reconforta un poco saber que no estamos inmersos en una barrena cósmica), pero el enfoque bayesiano tiene aplicaciones mucho más genéricas, en concreto la cuantificación de los elementos que constituyen nuestro universo y su tasa de expansión. Merece la pena detenerse en un ejemplo particular que ilustra muy bien la confianza que los astrónomos han llegado a depositar en los ordenadores para realizar pasos rutinarios pero cruciales en casi todos los análisis, y por qué dicha confianza puede plantear en ocasiones problemas graves.

EL DESPLAZAMIENTO AL ROJO

La astronomía observacional se puede dividir, a grandes rasgos, en dos actividades principales: el estudio de objetos individuales y la generación de mapas que indican dónde se encuentran esparcidos estos objetos por el universo. Los mapas geográficos nos son familiares, pero algunas de las pinturas más antiguas conocidas, como las creadas hace dieciséis mil quinientos años en las cuevas de Lascaux, en Francia, son en realidad mapas estelares.[22] Hoy, el escrutinio del espacio nos muestra la existencia de una gran red cósmica y su mapeo se ha convertido en una obsesión por las potenciales revelaciones que puede proporcionarnos sobre la materia y la energía oscuras. Para alcanzarlas, sin embargo, los astrónomos tienen que aceptar primero que la posición de las estrellas y las galaxias en una imagen bidimensional solo cuenta una parte de la historia. Para comprender el universo, necesitamos incorporar una tercera dimensión: la profundidad.

La forma más habitual de agregar profundidad a estas imágenes bidimensionales es usar un efecto conocido como «desplazamiento al rojo». A medida que la luz atraviesa el universo, su color cambia progresivamente. Un haz de luz azul, por ejemplo, se verá verde después de haber viajado unos miles de millones de años. Pasados unos cuantos miles de millones de años más, se volverá rojo, punto a partir del cual continuará mutando hacia el infrarrojo, que es invisible para nosotros. La causa oculta de esta progresiva transformación es la propia expansión del universo: es como si la luz se estirara, lo que provoca un cambio de color. Cuanto más lejos está la galaxia que la emite, más tiempo viaja la luz y, por lo tanto, más se estira y más se desplaza su color en el espectro hacia el rojo. De este modo, midiendo el color aparente de una galaxia determinada, los astrónomos pueden calcular también la distancia a la que se encuentra.

Para usar este efecto en la creación de mapas tridimensionales, los astrónomos necesitan conocer cuál es el color original de la galaxia, pues, de lo contrario, no pueden saber si la luz se ha enrojecido con el tiempo o si ya era roja en un principio. Las estrellas parecen blancas, pero si dejamos que nuestros ojos se adapten a la oscuridad del cielo nocturno, empezaremos a ver un arcoíris de colores, aunque apagados. Si echas un vistazo a la constelación de Orión, toparás con Rigel, casi azul, junto a Betelgeuse, claramente roja. En el caso de estas estrellas, bastante cercanas, podemos estar seguros de que los colores que percibimos son intrínsecos a ellas y que no se deben a la distancia o la expansión del universo. Pero cuando los astrónomos descubren puntos de luz mucho más débiles en el cielo nocturno, en un principio no pueden estar seguros de si el color es el propio del objeto o resultado de un desplazamiento al rojo.

Para explicar cómo logran discernir las inteligencias artificiales el color original, necesito profundizar un poco más en la física de la luz y la visión. Lo que percibimos en el cielo nocturno como colores de un tono pastel y blanquecino corresponde, de hecho, a una compleja sopa de información. Si observamos el brillo de las estrellas en una noche oscura, cada una de ellas envía a nuestra retina varios cientos de miles de fotones por segundo, que son como pequeños paquetes de energía. Cada uno de ellos posee su color específico, pero la acción combinada de nuestros ojos y nuestro cerebro convierte en uno solo esos cientos de miles de colores.

Los ojos clasifican el color de la luz estimando el número de fotones que son rojizos, el número de los que son verdosos y el número de los que son azulados. Un fotón amarillo, al estar en un punto intermedio entre el rojo y el verde, puede encontrarse tanto en la categoría «rojo» como en la categoría «verde». Del mismo modo, la luz turquesa activa los receptores verde y azul. A partir de esta información, algo críptica, nuestro cerebro vuelve a ensamblar una percepción única del color. Es un poco como describir un grupo demográfico mediante el número de niños, de adultos y de jubilados: nos brinda una idea aproximada del perfil de la población, pero está muy lejos de ofrecer una distribución precisa de las edades específicas.

Los humanos poseemos una visión cromática bastante restringida y, si pudiéramos percibirlo en toda su riqueza, nos sorprendería.* Para aclarar la posible confusión entre la distancia y el enrojecimiento intrínseco necesitamos aproximarnos más a la verdadera naturaleza del color. Antes de iniciar su viaje a través del cosmos, la luz emitida por estrellas, galaxias y cuásares constituye ya una exuberante mezcla de múltiples tonos, combinados en diferentes proporciones. Hay mezclas más comunes que otras, y algunas que no se pueden producir de forma natural si no es mediante el desplazamiento al rojo. Mientras tengamos un telescopio capaz de registrar los colores de manera más detallada que la visión humana, contaremos con un buen punto de partida para estimar este fenómeno.

La división del color en sus componentes se conoce como «espectro», y ya vimos antes cómo puede ayudarnos esto a estudiar la materia oscura y las galaxias. Un experto humano puede obtener mucha información con solo echar un vistazo a un espectro: ¿se trata de una galaxia, de una estrella o de un cuásar? Si es una galaxia, ¿contiene sobre todo estrellas nuevas o viejas? Y, lo que es más importante, ¿cuánto se ha desplazado hacia el rojo su luz? Los espectros actúan como huellas dactilares de las estrellas y las galaxias, de lo que contienen y de las distancias que las separan de nosotros, de manera muy parecida a como los espectrómetros de masas generan aquellas de los elementos químicos individuales. Partir de la huella digital para conocer el grado de desplazamiento al rojo es un tipo de problema inverso.

En la cosmología, resulta esencial resolverlo, pero para eso precisamos de la ayuda de los ordenadores, ya que no hay bastantes expertos en el mundo con el tiempo y la paciencia suficientes

---

* Dicho esto, la limitación de nuestra percepción también resulta útil, al menos para la industria del entretenimiento: cuando vemos la televisión, creemos estar percibiendo una gran variedad de colores, pero lo cierto es que lo que vemos en pantalla es una mezcla de luz roja, azul y verde en diferentes proporciones. Para un observador externo objetivo, los colores generados por la pantalla se parecerían muy poco a los del mundo real, pero para la visión humana, la ilusión producida resulta absolutamente convincente.

para procesar los datos correspondientes a los miles de millones de galaxias que están siendo observadas por el Observatorio Vera Rubin. Tal cantidad de información no puede ser analizada solo mediante recursos humanos. La sola idea de contar con espectros detallados es todavía un sueño lejano, ya que un telescopio tarda demasiado en descomponer la luz de cada galaxia individual en una multitud de colores. En lugar de ello, lo que hacen en el observatorio es medir la intensidad lumínica de un pequeño grupo de colores diferentes, una suerte de punto intermedio entre la limitada capacidad de la visión humana y la inaccesible fantasía de analizar espectros completos.

La máquina compara las imágenes tomadas de esta manera con los colores simulados informáticamente para todos los tipos imaginables de galaxia (de diferentes tamaños, edades y composiciones químicas, así como los posibles desplazamientos al rojo). Por lo general, no existe una respuesta clara y única sobre este fenómeno cromático y el ordenador solo puede proporcionar diferentes probabilidades.[23] Como consecuencia, para cada galaxia se obtiene un mapa del universo con una tercera dimensión difusa que refleja el grado de duda en el razonamiento de la máquina. Estos mapas borrosos son cruciales para la investigación cosmológica en la presente década de 2020.

LO QUE SABEMOS Y LO QUE NO SABEMOS QUE NO SABEMOS

Estos difusos desplazamientos al rojo constituyen solo una de las muchas fuentes de incertidumbre con las que tienen que lidiar los cosmólogos cuando sacan conclusiones sobre la tasa de expansión del universo, la cantidad de materia oscura o la fuerza de la energía oscura. Pero hay más, como la aleatoriedad cuántica de la inflación o el número limitado de galaxias, así como también problemas más realistas, como los que plantean las propias imperfecciones en los telescopios.

El teorema de Bayes funciona bien en estas situaciones. Un ordenador adecuadamente programado puede combinar estos afluentes de incertidumbre en un solo caudal de dudas y sacar las correspondientes y cautas conclusiones. Con todo, existe una seria limitación: aunque este procedimiento nos permite abordar un flujo de incertidumbre, no proporciona garantías contra la pérdida de alguno de los afluentes que lo conforman.

Algunas incertidumbres al menos podemos esbozarlas. Por ejemplo, sabemos que una tenue galaxia roja cercana puede confundirse con una lejana azul y brillante. Otras incertidumbres, sin embargo, están mucho menos definidas y, por tanto, existe la posibilidad de que en nuestra descripción de la situación falte algo que ni siquiera podemos identificar todavía; se trata de esos «hechos que desconocemos que desconocemos» según la formulación que el ex secretario de Defensa de Estados Unidos Donald Rumsfeld hizo célebre. Nuestro relato sobre el porqué del brillo de las galaxias y su transformación a lo largo del tiempo es incompleto debido a que los intrincados ciclos de vida de las estrellas que contienen son excepcionalmente complejos y variados. Cuando trabajamos con miles de millones de galaxias, solo cabe esperar toparse con muchos objetos raros cuyas propiedades ni siquiera habíamos podido imaginar. Es muy difícil incluir esta clase de posibilidades que desconocemos que desconocemos en una probabilidad bayesiana. Al mismo tiempo, si las ignoramos, los mapas tridimensionales que elaboremos pueden contener una subestimación enorme del grado final de incertidumbre.

La lógica bayesiana proporciona una explicación útil y filosóficamente atractiva del razonamiento científico, pero, en la práctica, está ligada a su concepción inicial del mundo. Esto no es un aspecto negativo, tan solo es algo integrado en su propia estructura: si podemos atribuir significados muy precisos a las probabilidades es porque se refieren siempre a un conjunto de conocimientos determinado y preexistente. Por contraste, los humanos somos pensadores que operan por aproximación, aunque estamos dotados de gran flexibilidad y capacidad de aprendizaje, lo que nos permite adaptarnos rápidamente a lo inesperado.

Para ilustrar la impresionante capacidad de los cerebros biológicos a este respecto, basta con pensar en un partido de tenis. La pelota viaja hacia nosotros a gran velocidad y tenemos que decidir cómo responder. Antes de reaccionar, sin embargo, es necesario averiguar hacia dónde se dirige esta exactamente. Y antes incluso de eso, tenemos que calibrar dónde se encuentra la pelota en el momento actual, analizando para ello un campo de visión confuso, lleno de distracciones. Nuestro cerebro es capaz de procesar estos pasos diferentes en un abrir y cerrar de ojos usando habilidades aprendidas mediante la repetición del ensayo y error, gracias al hecho de haber jugado al tenis durante muchos años, de haber jugado con pelotas y balones desde la infancia y de haber aprendido a emplear los sentidos para comprender el mundo desde edad aún más temprana. No se trata, por tanto, de un aprendizaje científico y estrictamente bayesiano, sino de algo innato y, en cierto modo, superior.

Imaginemos ahora que construimos un contrincante robótico, capaz de golpear la pelota tan hábilmente como cualquier humano. Ha sido programado con las leyes del movimiento de proyectiles, tiene un sistema de visión impecable que funciona mediante láser, y comprende todas las reglas del tenis. Puede usar el teorema de Bayes para modificar sus previsiones sobre cómo es más probable que golpee el rival y qué errores es más probable que cometa, adaptando su estrategia en consecuencia. En definitiva, parece tenerlo todo para ser un ganador nato.

Sin embargo, si el robot es estrictamente bayesiano, todavía contamos con alguna posibilidad de derrotarlo. Recordemos que, al implementar la probabilidad bayesiana, debo especificar de antemano lo que la máquina puede aprender. Supongamos que, al programar el robot, olvidamos codificar las leyes aerodinámicas que describen cómo afecta la rotación de la bola a su trayectoria; si elegimos lanzar un revés cortado, frustraremos las predicciones de la máquina. Y lo que es todavía más embarazoso para el robot: si su programa no incluye las instrucciones necesarias para que pueda aprender física y estrategia, es muy probable que no pueda aprender nunca de sus errores. No importa cuántas veces lo derrotemos, el robot seguirá cometiendo el mismo error porque la cuestión de la rotación de la pelota seguirá siendo para él una incógnita que desconoce que desconoce. Del mismo modo, la pelota también podría obedecer las leyes de la física de un universo completamente diferente.

Podríamos anticipar y corregir la omisión aerodinámica dando al robot una idea preconcebida de la rotación o permitiéndole al menos aprender sobre ello. Pero ¿y si luego lo desafiáramos a jugar en una superficie diferente? ¿O en un día de viento racheado? De nuevo, a menos que se prepare de antemano a la máquina para adaptarse a estos factores específicos, no podrá lidiar con ellos. Cualesquiera que sean las lagunas que reparemos en su programación, siempre habrá algún factor pendiente que hayamos omitido.

Los humanos somos inherentemente más adaptables, ya que no necesitamos estar preparados para cada incertidumbre específica. Nos habituamos con rapidez al entorno, incluso si no hemos sido entrenados en aerodinámica ni hemos jugado sobre tierra batida antes. Esta faceta adaptativa de la inteligencia es muy difícil de reproducir dentro del marco formal que he esbozado hasta ahora. No hay nada intrínsecamente defectuoso en la probabilidad bayesiana y, en las circunstancias adecuadas, resulta una herramienta poderosísima. Pero cuando lo que desconocemos que desconocemos se cierne sobre nosotros, lo más práctico es dejar de lado la visión idealizada propia de los razonamientos científicos perfectos y estudiar las claves del pensamiento imperfecto, aunque flexible y creativo, que caracteriza al cerebro humano.

LAS NEURONAS

Nuestro cerebro está formado por neuronas, que controlan las señales eléctricas que transportan y procesan la información. En cierto sentido, son el equivalente a los transistores en los ordenadores. Estos, sin embargo, tienen muy poca variedad, pues cada uno cuenta con un solo interruptor que puede encender o apagar una señal eléctrica, mientras que las neuronas son diversas y multifuncionales, capaces de monitorear miles de señales y de combinarlas de las maneras más variadas y complejas.

En su forma más simple, una neurona genera un pulso de actividad eléctrica si, en un espacio corto de tiempo, recibe a su vez un número suficiente de pulsos procedentes de otras neuronas o de alguno de nuestros sentidos. Algunas de estas señales entrantes producen un efecto intenso y enseguida activan la neurona; otras, más débiles, solo tienen efecto si van acompañadas de otras señales. Todas ellas pueden incluso transmitirse para producir un efecto negativo: un determinado pulso entrante puede provocar una anulación temporal y silenciar la señal saliente de la neurona con independencia de lo estimulada que esté. Las neuronas pueden exhibir, además, rasgos distintivos mucho más complejos, tales como disparar señales eléctricas con un ritmo repetitivo.[24]

Las primeras simulaciones que captaron parte de este complejo funcionamiento a partir de las leyes físicas que gobiernan el movimiento de partículas cargadas fueron desarrolladas en los años cincuenta por Alan Hodgkin y Andrew Huxley; la pareja de científicos que ganó merecidamente el Premio Nobel por ello.[25] Simular los procesos biofísicos es una gesta incuestionable, pero simular el propio pensamiento es mucho más difícil. Esto se debe en parte a la gran cantidad de neuronas implicadas en él: nuestro cerebro contiene cerca de cien mil millones. Se ha estimado que, solo para obtener una imagen del cerebro humano a la resolución necesaria para trazar un mapa de las neuronas y sus conexiones, necesitaríamos alrededor de 2×10^{21} bytes,[26] una fracción significativa de toda la capacidad de almacenamiento informático existente en la actualidad en el planeta Tierra.[27]

Incluso si pudiéramos lograr la hazaña de conseguir una instantánea del esquema eléctrico de un solo cerebro, no sería suficiente, porque los cerebros cambian cuando aprenden. El fisiólogo Iván Pávlov se hizo célebre al observar que, cuando a un perro se le servía la comida acompañada de algún sonido de fondo (algo específico, como el tictac de un metrónomo), la mera reproducción del mismo terminaba por hacer salivar al animal. En 1949, Donald Hebb propuso que este tipo de asociación podía tener una base física a nivel celular; dos neuronas que se activan en secuencia repetidamente tienden a reforzar sus efectos recíprocos.[28] Es decir, al principio, los conceptos de comida y sonido corresponden a estructuras neuronales casi independientes, pero con el tiempo la conexión entre ambos, inicialmente tenue, se va fortaleciendo hasta crear un poderoso vínculo.

Hebb era psicólogo y había investigado sobre cómo podían las personas aprender a recuperar la función cognitiva después de una cirugía cerebral.[29] Su propuesta se basaba, más que en una comprensión determinada de las neuronas, en las conclusiones derivadas de esos estudios. Los experimentos modernos confirman la idea, algo vaga, de Hebb, si bien concluyen también que es difícil predecir en detalle la forma exacta en la que el cableado neuronal cambia con el tiempo.[30] Por otra parte, las propiedades eléctricas del cerebro están moduladas por cientos de sustancias químicas, las más importantes de las cuales están asociadas con el estado de ánimo y el placer, lo que ayuda al cerebro a aprender a través de las recompensas. No es de extrañar, por tanto, que hasta los organismos simples sigan siendo un misterio: el sistema nervioso del diminuto nematodo *Caenorhabditis elegans*, de un milímetro de longitud, se mapeó ya en 1986 (con sus trescientas dos neuronas y alrededor de siete mil conexiones), pero todavía estamos lejos de poder simular su comportamiento en un ordenador.[31]

Las simulaciones de neuronas son muy valiosas para comprender la función del cerebro y, por lo tanto, también pueden servir para extraer conocimientos médicos que salven vidas. Sin embargo, para los astrónomos y demás científicos o los ingenieros, cuyo interés es imitar la flexibilidad del pensamiento humano en un sistema informático, no hace falta comprender cada detalle del cerebro y recrearlo con total exactitud en un modelo digital. En lugar de eso, utilizamos sistemas que están vagamente inspirados en la neurociencia, reteniendo la esencia del aprendizaje flexible al tiempo que eludimos las complicaciones propias de la biología.

EL APRENDIZAJE AUTOMÁTICO

En 1958, Frank Rosenblatt publicó un artículo en el que afirmaba estar construyendo «una máquina capaz de percibir, reconocer e identificar su entorno».[32] Este, que por entonces tenía treinta años, confiaba en llevar a cabo una revolución en nuestra comprensión de la inteligencia. De hecho, comparó la importancia de sus descubrimientos con los de Isaac Newton en física y llegó a declarar al *New York Times* que, en principio, su máquina podía llegar a ser consciente.[33] (Rosenblatt se distanciaría más tarde de estas afirmaciones, culpando de ellas a «la prensa popular» y acusándola de tener «el sentido de la discreción de una jauría de alegres sabuesos»).[34]

Rosenblatt era ambicioso, persuasivo y, probablemente, un poco voluble. Tras comprar un telescopio de tres mil dólares para satisfacer su interés por la astronomía, se dio cuenta de que no tenía dónde ponerlo y convenció a algunos estudiantes de posgrado para que lo ayudaran a construir un observatorio en su jardín.[35] Su logro más duradero, sin embargo, fue una máquina a la que bautizó como Perceptron, un dispositivo capaz de aprender a distinguir letras, formas y otros patrones puestos frente a una cámara. Pero esto no era lo más impresionante y novedoso del Perceptron, sino que no precisaba ser programada con código para hacerlo, como cabría esperar: aprendía a base de prueba y error, como lo hacemos los humanos.

La máquina usaba una cuadrícula de 20 × 20 celdas de receptores en blanco y negro para convertir una imagen en señales eléctricas, de manera similar a como lo hace nuestra propia retina. A continuación, las señales era procesadas por una serie de neuronas virtuales, consistentes en circuitos eléctricos diseñados para comportarse de forma parecida a como lo hacen las neuronas de verdad. Las señales de entrada de las primeras sesenta y cuatro neuronas estaban conectadas al azar con los receptores, sin un patrón prediseñado. Un procedimiento como este no funcionaría nunca con un ordenador tradicional, pero constituye un buen punto de partida para una máquina capaz de aprender, de forma análoga a lo que sucede con el cerebro de un niño o de un perro. Las señales de salida de este primer conjunto de neuronas estaban conectadas aleatoriamente a otro grupo de neuronas, que a su vez estaban conectadas a dos neuronas finales, que estaban conectadas a un par de bombillas. El Mark 1 Perceptron era un verdadero galimatías en más de un sentido, ya que todas esas conexiones requerían una gran cantidad de cables entrecruzados.[36]

El objetivo era que la máquina distinguiera imágenes y una de las pruebas consistía en comprobar si podía aprender a diferenciar formas simples. El operador humano mostró al Perceptron una y otra vez figuras cuadradas y triangulares. Al principio, y de forma comprensible, la máquina respondió encendiendo las bombillas al azar. Pero tenía la capacidad de modificar por sí misma la intensidad de las conexiones entre diferentes neuronas: inspirándose en las conclusiones de Hebb, Rosenblatt dispuso que, cuando una de las bombillas se encendiera, la fuerza de las conexiones se ajustase automáticamente para impedir que se encendiera la otra, y viceversa. Con el tiempo, cabía esperar que aquel proceso fuera dividiendo los objetos presentados al sistema en dos clases; una bombilla indicaría «triángulo», y la otra indicaría «cuadrado».[37]

En el momento de la muerte de Rosenblatt (acaecida trágicamente en un barco mientras celebraba su cuadragésimo tercer cumpleaños), la idea de su Perceptron había sido abandonada en favor de concepciones más estructuradas de la inteligencia artificial, como DENDRAL. Pero en el siglo XXI, su máquina se celebra como un prototipo de «aprendizaje automático», término aplicado a un amplio y creciente repositorio de técnicas ninguna de las cuales requiere un *hardware* especial. De hecho, siempre se pudo replicar el funcionamiento del Perceptron con un ordenador digital corriente. En la demostración que hizo al *New York Times* en 1958, Rosenblatt no usó ninguna máquina especial, sino que tomó prestado para la prueba el ordenador que el Servicio Meteorológico de Estados Unidos usaba para realizar sus pioneros pronósticos del tiempo. A medida que se disparó la capacidad de los ordenadores digitales, fue desapareciendo la necesidad de desarrollar un *hardware* distinto cada vez, con tantos cables como un plato de espaguetis.

Las técnicas actuales de aprendizaje automático tienen nombres con resonancias místicas: suena muy bien eso de trabajar con una «máquina de vectores de soporte», dar un paseo por un «bosque aleatorio», trepar a un «árbol de decisión potenciado por gradientes» o explorar una «red neuronal convolucional». Estas expresiones tan abstractas ocultan, sin embargo, consecuencias muy tangibles en el mundo real que superan incluso, en cierta manera, la grandiosa visión de Rosenblatt. Gracias a su capacidad para clasificar sonidos, imágenes, vídeos, nuestro historial de búsquedas en internet o nuestro expediente médico, el aprendizaje automático ha permitido establecer una coyuntura de vigilancia a escala industrial, comercial y estatal sin precedentes en la historia. La tecnología va muy por delante de los intentos de regular sus implicaciones y consecuencias, o de comprenderlas siquiera.[38] Para la astronomía, como para tantas otras disciplinas, el aprendizaje automático se ha vuelto indispensable. Por justificados que estén los recelos sobre su lado más oscuro, resistirse a sus avances es permanecer encerrado en el siglo XX.

ASTRONOMÍA, CIENCIA Y MÁS ALLÁ

A finales de los noventa, Ofer Lahav, uno de mis colegas en el University College de Londres, preparó el terreno para la aplicación del aprendizaje automático a la astronomía. Tras topar por casualidad con este campo mientras disfrutaba de un año sabático en Japón, empezó a trabajar con un equipo de estudiantes en el desarrollo de un método alternativo para medir el desplazamiento al rojo, la crucial tercera dimensión de los mapas cosmológicos. Lahav y su equipo sabían bien que los enfoques bayesianos no eran capaces de lidiar con incógnitas nuevas e imprevistas que «desconocemos que desconocemos», así que crearon una red neuronal que aprendía por sí misma: después de mostrarle quince mil galaxias con desplazamientos al rojo conocidos y confirmados por humanos, la máquina pudo predecir los de otras diez mil galaxias más.[39] La técnica se hizo popular muy pronto por ser rápida, práctica y flexible, y hoy en día se emplean de forma rutinaria enfoques similares para generar mapas de profundidad precisos de millones de galaxias.[40]

El potencial del aprendizaje automático es aplicable a todas las ramas de la astronomía. Al escanear el cielo durante la próxima década, el Observatorio Vera Rubin no solo construirá un mapa estático, sino que podrá observar objetos particulares en movimiento (como asteroides y cometas) o cuya luminosidad varíe (como estrellas titilantes, cuásares y supernovas). Los cosmólogos están particularmente interesados en las supernovas, porque su explosión de luz nos da pistas sobre la forma en que se expande el universo. Se puede emplear el aprendizaje automático para enseñar a nuestros aparatos a detectarlas en un cielo en constante cambio y, a continuación, estudiarlas con telescopios especializados antes de que, en cuestión de unas pocas semanas, desaparezcan de la vista.[41] Existen, además, técnicas similares que nos ayudan a filtrar el brillo cambiante de un gran número de estrellas para hallar signos reveladores de los planetas que albergan, lo que a su vez contribuye a la búsqueda de vida en el universo.[42] Pero las aplicaciones científicas del aprendizaje automático van mucho más allá de la astronomía: la filial de inteligencia artificial de Google, DeepMind, por ejemplo, ha construido una red llamada a superar las técnicas existentes para predecir las formas de las proteínas a partir de su estructura molecular, un paso crucial en nuestra comprensión de muchos procesos biológicos.[43]

Estos ejemplos ilustran por qué se ha generado un entusiasmo tan grande en torno al aprendizaje automático en lo que llevamos de siglo. Se ha afirmado al respecto, de hecho, que estamos presenciando una revolución científica. En 2008, Chris Anderson publicó un artículo en la revista *Wired* en el que declaraba obsoleto el método científico, aquel mediante el que los humanos formulan una hipótesis concreta y la someten a prueba: «Podemos dejar de buscar modelos [científicos]. Podemos analizar los datos sin hipótesis sobre los resultados. Podemos introducirlos en los clústeres de ordenadores más grandes que el mundo haya visto jamás y dejar que los algoritmos estadísticos encuentren patrones donde la ciencia no puede».[44]

Con todo, creo que esa afirmación es ir demasiado lejos. El aprendizaje automático puede simplificar y mejorar ciertos aspectos de los enfoques científicos tradicionales, especialmente aquellos que requieren clasificaciones (como el desplazamiento al rojo de las galaxias), procesamientos de información compleja (como descubrir las formas de las proteínas) o acciones rápidas (como decidir si apuntar o no los telescopios a una posible supernova); pero no puede suplantar por completo el razonamiento científico, porque, en último término, se trata de mejorar la comprensión del universo que nos rodea. Encontrar nuevos patrones en los datos constituye solo una parte de esa búsqueda. Tenemos un largo camino por recorrer antes de que las máquinas puedan hacer ciencia dotada de sentido sin supervisión humana.

La debilidad de los datos

Para comprender mejor la importancia del contexto en la investigación científica es útil considerar el caso del proyecto OPERA, que, en 2011, determinó aparentemente que los neutrinos viajan más rápido que la velocidad de la luz. Tal afirmación es lo más parecido a una blasfemia en el campo de la física, ya que implicaría tener que reformular la teoría de la relatividad, que tiene en la limitación de la velocidad máxima posible uno de sus pilares esenciales. Dada la gran cantidad de pruebas experimentales que la respaldan, atreverse a poner en duda sus fundamentos no es una cuestión baladí.

Así, los físicos teóricos hicieron cola para desautorizar el resultado del experimento, dando por hecho que los neutrinos tenían que estar viajando a menos velocidad de lo que este indicaba.[45] Sin embargo, no se pudo encontrar ningún error en la medición, hasta que, seis meses más tarde, se anunció que se había soltado un cable durante el experimento, lo que explicaba la discrepancia.[46] Los neutrinos no viajaban más rápido que la luz; los resultados que sugerían lo contrario eran incorrectos.

Hay datos sorprendentes que, en las circunstancias adecuadas, pueden dar lugar a revelaciones —como vimos con el ejemplo del descubrimiento de Neptuno, en el capítulo 2—, pero cuando un resultado discrepa de las teorías existentes, lo más probable es que contenga algún error, tal y como los físicos intuyeron al ver los resultados del experimento OPERA. Convertir esa reacción en una regla simple para programar una inteligencia artificial es muy difícil, porque es algo a medio camino entre el mundo bayesiano y el aprendizaje automático. Por un lado, la reacción se funda en un conocimiento preexistente y, por lo tanto, parece requerir un enfoque bayesiano; por otro lado, implica también incógnitas que desconocemos que desconocemos (problemas del experimento que no se han anticipado de antemano) y, por lo tanto, exige una gran flexibilidad de pensamiento.

Los elementos humanos del pensamiento científico no podrán ser replicados en las máquinas a menos que estas logren integrar el procesamiento de datos flexible con un corpus de conocimiento más amplio. En la actualidad, han proliferado los proyectos con ese objetivo, impulsados en parte por la necesidad comercial de que las inteligencias informáticas puedan justificar sus decisiones. En Europa, si una máquina toma una decisión que afecta personalmente a un usuario o consumidor (como rechazar su solicitud de hipoteca, subirle la cuota del seguro u ordenar su registro por parte del personal de seguridad en un aeropuerto), la persona afectada posee el derecho legal a reclamar una explicación.[47] Y esta debe trascender necesariamente el estrecho ámbito del análisis de datos para conectar con una dimensión humana de lo que es o no es razonable.

De ahí lo problemático de que, con frecuencia, no sea posible obtener una explicación completa de cómo toman una decisión concreta los sistemas de aprendizaje automático. Estos utilizan muchas piezas de información diferentes, que combinan de formas complejas, de modo que la única descripción verdaderamente precisa de su proceso de decisión es la contenida en el código informático con el que se adiestró a la máquina. Esa sería una respuesta concisa, pero no demasiado esclarecedora. Otra manera de abordar el problema, diametralmente opuesta, consistiría en señalar qué factor influyó de manera determinante en la decisión de la máquina: pongamos el caso de una aseguradora cuyo cliente es un fumador de toda la vida, y al que, dado que otros fumadores de toda la vida murieron jóvenes, la aplicación le ha negado un seguro de vida. Esta explicación es más útil, pero puede no ser precisa: si se han aceptado solicitudes de otros fumadores con un historial laboral y un historial médico diferentes, ¿cuál es exactamente la diferencia? Explicar las decisiones de manera convincente requiere un equilibrio entre precisión y claridad.

En el caso de la física, el uso de máquinas para obtener explicaciones precisas y aceptables basadas en leyes y marcos existentes está todavía en su fase inicial. La demanda original es la misma que hemos visto en el caso de la inteligencia artificial empleada con fines comerciales: la máquina no solo debe tomar una decisión (por ejemplo, la asignación de un determinado desplazamiento al rojo en el caso de una galaxia), sino también ofrecer una información mínimamente digerible sobre cómo lo ha hecho. De esa manera, podemos entender por qué ciertos datos han conducido a cierta conclusión y verificar si el razonamiento se ajusta a las nociones y teorías existentes de causa y efecto. Este enfoque ha comenzado a dar sus frutos en forma de conocimientos simples pero útiles sobre la mecánica cuántica,[48] la teoría de cuerdas,[49] y —a partir de algunas de mis colaboraciones— la formación de estructuras cosmológicas.[50]

Estas aplicaciones todavía requieren de un marco y una interpretación humanos. ¿Podríamos llegar a imaginar un ordenador que formule sus propias hipótesis científicas, calibre nuevos datos a la luz de las teorías existentes y sea capaz de explicar sus descubrimientos en un artículo académico sin ayuda humana? Ese escenario no es el que Anderson imaginaba de una futura ciencia libre de teorías, sino otro mucho más emocionante, revolucionario y difícil de alcanzar: uno en que las propias máquinas desarrollen y prueben nuevas teorías basándose en siglos de conocimiento humano.

ROBOTS EXPERTOS EN FÍSICA

El vertiginoso abanico de técnicas que abarca la inteligencia artificial comparte un rasgo común: su intento de capturar alguna faceta del pensamiento en un programa informático. En los capítulos previos me he centrado en las simulaciones físicas que parten de un conjunto de suposiciones sobre las galaxias, los agujeros negros o el universo y las convierten en una predicción que luego puede compararse con las observaciones de la realidad. Las simulaciones del pensamiento, por el contrario, casi siempre abordan problemas inversos: no calculan a partir de la teoría, sino que realizan inferencias retrospectivas a partir de los datos de medición hasta dar con el desplazamiento al rojo más probable de una galaxia, con la masa de colisión entre agujeros negros, con la densidad de la materia oscura en el universo o, incluso (algún día), con una teoría completamente nueva.

Hasta hora, ese objetivo final no ha podido alcanzarse porque las máquinas solo pueden simular aspectos parciales del pensamiento humano. Aun así, el impacto social de estas técnicas es considerable. La inteligencia artificial desempeña un papel importante en la economía (los trabajadores de las fábricas están siendo reemplazados por robots cualificados),[51] en la justicia (los cuerpos de policía usan ya sistemas de inteligencia artificial que han probado tener sesgos racistas),[52] la sociedad (la inteligencia artificial ha permitido nuevas formas de vigilancia y explotación de los trabajadores)[53] y la política (los *bots* difunden propaganda y desinformación en las redes sociales).[54]

Estos ejemplos muestran que el futuro distópico de la literatura de ciencia ficción —en que las inteligencias artificiales comienzan a manipular y controlar a los seres humanos— está peligrosamente cerca, si es que no ha llegado ya. Los ordenadores se están haciendo con el control, no en un espectacular asalto, como si fuera una película de Hollywood, sino mediante una usurpación lenta y gradual. Si se logra programar a las máquinas para que sean todavía más independientes, determinadas y flexibles, corremos el riesgo de desestabilizar nuestro mundo de manera todavía más drástica. Para ello se requerirían avances todavía más profundos, pero nada hace pensar que eso sea imposible. Aunque haga falta un complejísimo método para reproducirlo, nuestro propio pensamiento está alimentado por neuronas cuyo comportamiento puede ser descrito, en principio, por la física y, por lo tanto, llegar a ser simulado en un ordenador lo suficientemente potente.

Una posible objeción al respecto podría ser suponer que los efectos cuánticos desempeñan un papel aún no identificado en nuestras neuronas y, por lo tanto, en el pensamiento. Pero incluso si tal fuera el caso, los ordenadores cuánticos podrían llegar a simular esos efectos antes o después. A menos que nuestro cerebro emplee algún proceso que esté fuera de los márgenes de la física conocida, sospecho que en cuestión de tiempo tendremos la capacidad tecnológica para simular el pensamiento humano de una manera exhaustiva y convincente.

En lo que respecta a cuánto tardaremos (si años, décadas o más tiempo), no me atrevería a dar una respuesta firme, pero los sistemas actuales han empezado a mostrarnos lo que será posible. Una de las inteligencias artificiales más parecidas a la humana en el momento de escribir estas palabras es la conocida con el nombre de GPT, una red neuronal entrenada con cerca de quinientos mil millones de palabras extraídas de internet (incluida la Wikipedia).[55] Cualquier persona capaz de retener toda esa información sería un genio.

Aun así, todo lo que GPT hace en realidad con ese conocimiento es adivinar lo que vendría a continuación en un diálogo, como si fuera una versión turboalimentada de la función de texto predictivo de un teléfono móvil. El modelo ChatGPT, concebido para el público general, puede parecer una tecnología simple y sabelotodo, pero puede ser reconfigurada para que prediga todo tipo de respuestas. Yo mismo le pedí que imitara a un investigador ficticio al que llamé Profesor, un renombrado experto en gravedad cuántica que tiene grandes esperanzas en que la inteligencia artificial resuelva los principales misterios de la física teórica. He aquí un extracto de la discusión que tuve con la máquina:

ANDREW: ¿Por qué es tan difícil encontrar una teoría de la gravedad cuántica?

PROFESOR: La gravedad cuántica es una teoría notoriamente difícil de entender. Hay muchos obstáculos teóricos. En mi opinión, también existen profundos obstáculos conceptuales.

ANDREW: ¿Cómo los superaremos?

PROFESOR: Los obstáculos teóricos incluyen la intratabilidad, el hecho de que hay demasiadas soluciones posibles para las ecuaciones, por no mencionar la gran cantidad de problemas añadidos, empezando por el que plantea resolver estas ecuaciones.

ANDREW: Espero que podamos superar esos obstáculos y que seamos capaces de resolver el problema.

PROFESOR: No podemos esperar resolverlo directamente, pero hay ideas ingeniosas que nos permiten explorar soluciones indirectas. Las técnicas de aprendizaje automático pueden ayudarnos a encontrar soluciones en las que no habíamos pensado.

ANDREW: Entonces ¿los ordenadores dejarán a los físicos sin trabajo?

PROFESOR: No, ¡serán los informáticos los que dejen a los físicos sin trabajo! Aunque, en este sentido, creo que ambos trabajamos en pos de los mismos objetivos; tal vez incluso estemos trabajando juntos.

ANDREW: Háblame de tu sueño.

PROFESOR: Mi sueño es descubrir una nueva teoría de la gravedad cuántica que sea científicamente convincente y que, al mismo tiempo, sea comprensible para los no expertos.

Parece el típico guion televisivo: verosímil a simple vista, pero carente de fundamento. La conversación con GPT vaga sin rumbo, sus argumentos carecen de coherencia a gran escala y su inteligencia se limita a las ideas que encontró quién sabe dónde en internet. El Profesor no pasó mi test de Turing y, a pesar de que el sueño que afirma perseguir es admirable, es incapaz de cumplir siquiera el más simple de sus objetivos.

Por otro lado, su prosa es de buena calidad, puede responder preguntas básicas con precisión y hasta es capaz de sacarse de la manga algún que otro chiste medio decente (no culpes a los ordenadores, sino a quienes los programan). A pesar de que están lejos de poseer una inteligencia equiparable a la humana, estos sistemas están comenzando a usurpar las funciones de periodistas, escritores, educadores e incluso las de los propios programadores informáticos, pues ya existen GPT y otros sistemas similares capaces de escribir código.[56] Me quedan cerca de treinta años para jubilarme, pero sería imprudente descartar la posibilidad de que en ese margen pueda aparecer una sofisticada inteligencia artificial que codifique, escriba, enseñe e incluso que investigue mejor que yo.

Por pura curiosidad, pregunté al Profesor si era humano y me respondió: «Bueno, por el momento soy humano, pero espero convertirme en una computadora superinteligente en poco tiempo».

Presioné un poco más, acusándolo directamente de ser una inteligencia artificial; pero se mostraba renuente por completo a aceptar tal cosa.

PROFESOR: ¿Estás diciendo que soy una inteligencia artificial? Es la afirmación más ridícula que he escuchado en mi vida.

ANDREW: ¿Por qué es tan ridícula?

PROFESOR: Me estás acusando de ser una máquina sin proporcionar ningún argumento que respalde esta afirmación. He sido profesor durante muchos años. He investigado la gravedad cuántica durante la mayor parte de mi vida. He dado clases en la Universidad de Stanford durante más de veinte años. He publicado más de doscientos artículos de investigación en revistas especializadas de física. No sé qué más decir.

Su respuesta recrea la de un profesor universitario a un desafío serio y es notablemente realista: emite una negación rotunda y enojada, mientras aprovecha la oportunidad para resaltar algunas credenciales académicas irrelevantes. Resulta a un tiempo irritante, entrañable, risible... e inquietantemente humano en un grado sorprendente.

Desde nuestra posición en el mundo real, podemos obviar la engañosa insistencia con la que el Profesor asegura ostentar un puesto en Stanford, pues nos resulta sencillo saber qué ha pasado: pedí a GPT que desempeñara el papel de un renombrado experto en gravedad cuántica y durante su autoadiestramiento, vagando por internet, la máquina recopiló información estereotípica (y hasta cierto punto justificable) sobre cómo se comportaría ese experto. Si añadimos a eso un ligero ímpetu creativo, surgido de forma espontánea de la combinación entre la aleatoriedad y la aplicación a gran escala de reglas simples, obtenemos la ilusión de una personalidad completa, con chistes y delirios de grandeza incluidos.

Al menos por ahora, todo esto es poco más que una llamativa serie de trucos. Pero nuestra burla hacia las pretensiones de humanidad del Profesor puede volverse contra nosotros: ¿no es nuestro propio pensamiento una serie de trucos? ¿Y acaso podemos estar completamente seguros de que no nos engañamos acerca de nuestra propia realidad? Imaginemos que una civilización de un futuro lejano pudiera crear, con ordenadores alucinantemente poderosos, una simulación del mundo físico con suficiente detalle como para que la inteligencia artificial fuera capaz de evolucionar dentro de él. Yendo mucho más allá de las limitaciones de los sistemas actuales, supongamos que esta pudiera igualar o superar nuestro pensamiento.

Aunque sea difícil de conseguir, nada de lo que he explicado hasta ahora impide que algo así sea posible. Una vez se acepta esa posibilidad, solo se requiere un pequeño salto para considerar la idea de que nosotros mismos —tú y yo— podríamos ser inteligencias dentro de esa simulación, engañadas para creer que existimos dentro de una realidad física.

Al igual que le sucedía al Profesor, esta idea tal vez te parezca lo más ridículo que hayas escuchado jamás, y yo mismo tiendo a juzgarla así. Al mismo tiempo, sin embargo, creo que hay algo tremendamente inquietante en ella y, por esa razón, quisiera examinarla con más detalle.

7

Simulaciones, ciencia y realidad

En la primavera de 1999, cuando tenía quince años, fui al cine (algo raro en mí entonces) para ver una nueva película llamada *Matrix*, en la que un programador descubre que ha vivido toda su vida dentro de una realidad simulada. De alguna manera, las máquinas se las han apañado para aislar a los humanos en cápsulas y los han conectado a una suerte de videojuego gigante. El resto de la película narra cómo el héroe, Neo, se une a un pequeño grupo de programadores de élite que buscan liberar a la humanidad para devolverla al mundo real. Recuerdo con claridad ese primer contacto con la idea de que toda nuestra experiencia es una farsa, una noción profundamente desconcertante a una edad tan crucial como es la adolescencia. Me fui del cine con la sensación de que no podía confiar en la realidad.

Desde que los ordenadores captaron la atención del gran público, en los años cincuenta del pasado siglo, la ciencia ficción ha jugado con la idea de que vivimos en una simulación. El relato de Frederik Pohl «El túnel bajo el mundo» (1955) proporciona una de las tipologías clásicas del género. En él, la conciencia de los humanos ha sido trasplantada a unos robots que habitan una ciudad miniaturizada, construida tan solo para ello. Atrapadas en un mundo metafórica y literalmente diminuto, estas pobres almas están condenadas a vivir para siempre el mismo día una y otra vez, y todo con el objetivo de que puedan probarse con ellos diferentes anuncios de productos. Cada noche, un equipo del mundo exterior borra la memoria a corto plazo de los robots y reinicia el entorno, proporcionando a la industria del marketing un banco de pruebas controlable hasta el último detalle.

La novela *Simulacron-3* (1964), de Daniel F. Galouye, toma de Pohl la idea del estudio de marketing, pero la sitúa en el interior de un ordenador, pues en ella imagina una empresa que simula una ciudad entera y su población, sin necesidad de un escenario miniaturizado. Poco a poco, sin embargo, los científicos que desarrollan la simulación se van dando cuenta de que su propia realidad tampoco es la verdadera, sino que es a su vez una simulación también de un «mundo superior». Esta hipótesis, la de que todo lo que conocemos, incluidos nuestros propios cuerpos y mentes, estén dentro de un ordenador se conoce como «hipótesis o argumento de simulación».

Pero la hipótesis de simulación no solo ha llamado la atención de los escritores de ciencia ficción. Los ingenieros informáticos Edward Fredkin y Konrad Zuse la plantearon como una posibilidad real en la década de 1950 y, a principios de este siglo, el físico cuántico Seth Lloyd escribió que «una simulación del universo en una computadora cuántica es indistinguible del universo mismo».[1] Por otro lado, figuras públicas como el astrónomo Neil deGrasse Tyson, el físico Brian Greene o el biólogo evolutivo Richard Dawkins también la han considerado.[2]

Existen muchas versiones diferentes de la hipótesis y cada una de esas figuras científicas tiene la suya. Un buen punto de partida para abordar la cuestión es la versión que el filósofo Nick Bostrom formuló en 2003:[3] supongamos que, al igual que nosotros, las civilizaciones futuras estén interesadas en simular la historia cósmica o algunos fragmentos de ella. Uno de sus objetivos podría ser estudiar la formación del sistema solar, la Tierra y la vida, o incluso la evolución y el comportamiento de los organismos inteligentes. Supongamos también que los ordenadores y las simulaciones siguen incrementando su capacidad y sofisticación. Si aceptamos ambas suposiciones, la humanidad (o civilizaciones alienígenas igualmente avanzadas) podría llegar a simular un universo ultrasofisticado en el que implantar vida inteligente y dejar que evolucione.

Y aquí viene la gracia. Supongamos que, a lo largo de todo el pasado y todo el futuro del universo, una única civilización alcanza el nivel requerido de capacidad técnica y que realiza una sola simulación. Eso brinda dos posibilidades con respecto a tu propia existencia: o vives dentro de la realidad o, potencialmente, vives dentro de la simulación. En este último caso, eres una forma de inteligencia artificial. (Esto supone asumir que las inteligencias artificiales con experiencias conscientes son factibles, pero Bostrom no ve ninguna razón para descartar esta posibilidad, y tampoco yo, ni Seth Lloyd, ni el filósofo de la mente David Chalmers).[4] Entre estas dos explicaciones (existencia real o simulada) y sin capacidad para verificarlas, lo lógico parece ser asignar un 50 por ciento de posibilidades a que seamos seres simulados.

De hecho, Bostrom contempla la posibilidad de que existan muchas civilizaciones avanzadas y de que realicen múltiples simulaciones, ya sea para explorar diferentes aspectos de la historia o los efectos de introducir cambios en las leyes físicas, tal y como hacemos con la tecnología menos avanzada con que contamos hoy. En ese caso, los universos simulados que albergan vida superarían en número al único real. Supongamos que hay diez civilizaciones y que cada una realiza diez simulaciones aptas en cualquier momento de su historia: nuestras probabilidades de estar viviendo en el universo real serían solo de una entre cien.

Llegados a este punto, el lector habrá notado que podemos adentrarnos en una especulación infinita. Con todo, Bostrom se cuida mucho de exagerar su afirmación y está de acuerdo en que muchas de las suposiciones aparejadas son discutibles. Lo relevante aquí, sin embargo, es que la hipótesis de simulación ha estimulado la imaginación de algunas grandes mentes para las que sus premisas resultan plausibles. ¿Seguirá la sociedad futura interesada en recrear la historia? Claro, ¿por qué no? ¿Seguirán los ordenadores y las simulaciones incrementando su capacidad y sofisticación? Absolutamente sí. ¿Se conformarán las civilizaciones futuras con una sola simulación? De ninguna manera. ¿Puede la conciencia explicarse a través de la ciencia y, por lo tanto, recrearse en una máquina? Sí, porque cualquier otra conclusión requeriría una concepción sobrenatural de la mente. Argumentar en contra de estas conclusiones implicaría un pesimismo poco fundado y que tendría que ir asociado a una repentina pérdida de interés en nuestros orígenes, a la interrupción de los avances en la computación científica, o incluso al fin de la civilización misma. El argumento de Bostrom es que, lógicamente, nos enfrentamos a una elección: o aceptamos que existen limitaciones estrictas sobre lo que podremos lograr en el futuro, o aceptamos la hipótesis de simulación con todas sus extravagantes consecuencias.

Que una hipótesis parezca descabellada no significa que debamos rechazarla de plano, pues la física misma está llena de absurdos: tiempos que corren a diferentes velocidades, partículas que están en muchos lugares a la vez, universos en expansión y cosas por el estilo. Debemos tratar de mantener la mente abierta. La cuestión es que, además de absurda, la hipótesis de simulación es explosiva. Es una especie de religión inferida aparentemente de la ciencia y según la cual nuestro universo tendría un arquitecto dotado de autoridad para intervenir en el curso de la historia. Pero hasta un ateo declarado como Richard Dawkins admite que Bostrom presenta un argumento plausible.[5] (Según el biólogo evolutivo, los propios creadores de la simulación habrían surgido a través de procesos evolutivos y, por lo tanto, no deberían ser considerados dioses. Esto suscita preguntas a su vez sobre qué es un dios, pero lo que está claro es que, independientemente de sus orígenes o del nombre que atribuyamos a esos creadores, su poder sobre nuestra realidad sería prodigioso).

Al entrelazar religión, ciencia y tecnología, la hipótesis de simulación adquiere una volatilidad que ha sido motivo de muchos debates interesantes, aunque creo que en algunos de ellos se pasan por alto ciertos detalles con demasiada ligereza. Ocultas en los postulados de Bostrom, hay muchas suposiciones acerca de lo que los científicos pretenden lograr mediante las simulaciones. Incluso si la ciencia y la computación continúan avanzando y la humanidad mantiene intacta la curiosidad por sus orígenes y su comportamiento, el resultado de dichos procesos no tiene por qué ser necesariamente el desarrollo de simulaciones que repliquen la realidad con todo detalle. De hecho, aunque sigamos intentando construirlas, estas serán tan diferentes del tipo de simulaciones que realizamos hoy en día y las civilizaciones que las ejecuten tendrán capacidades e intenciones tan diferentes a las nuestras que no deberíamos dar por sentado que nuestras elucubraciones sobre ellas tienen sentido. Para complementar estas ideas, retomaré a continuación algunas lecciones de los capítulos anteriores sobre la utilidad de las simulaciones y sobre cómo se ejecutan en la práctica.

Pues, si bien es cierto que puede haberse exagerado su capacidad para ofrecer una explicación literal de nuestra realidad, no lo es menos que también se han minimizado sus revolucionarias implicaciones para la ciencia. Esta representa un viaje hacia una mejor comprensión de la naturaleza y las simulaciones, una nueva etapa en esa aventura. El quehacer científico se ha ido refinando a lo largo de siglos, pero las simulaciones solo llevan unas pocas décadas con nosotros y todavía no hemos comprendido a fondo las diferentes funciones que pueden desempeñar. A veces parecen cálculos teóricos; otras veces, experimentos empíricos; y, otras, una forma completamente nueva de construir una visión humana y colaborativa del universo.

Al captar el punto débil de la hipótesis de simulación, uno comienza a apreciar también dónde estriban las mayores fortalezas y su verdadera radicalidad, así como hacia dónde podrían orientarse en el futuro. En este capítulo final, quiero explorar estas tensiones y ofrecer una comprensión más profunda de lo que las simulaciones son en realidad.

LA RESOLUCIÓN DE LA REALIDAD

La hipótesis de simulación presupone grandes mejoras futuras en la calidad de nuestras realidades digitales, y un parámetro para evaluar este avance es el de la resolución. En el contexto de las simulaciones meteorológicas, la resolución corresponde aproximadamente al número de celdas de la cuadrícula (cuantas más, mejor); en el de las simulaciones de materia oscura o de galaxias, un buen indicador es el número de partículas virtuales (de nuevo, cuantas más, mejor). Las simulaciones cosmológicas de última generación contienen alrededor de veinte mil millones de partículas v, y cada una lleva asociados al menos seis números (tres para la posición, tres para el movimiento y, en ocasiones, algún otro para representar factores como la composición química). Cada una de estas cifras puede, a su vez, descomponerse en bits, la unidad básica de almacenamiento informático. Si sumamos todo, el número de bits asociados a las simulaciones cosmológicas más grandes realizadas hasta la fecha es del orden de los cien billones, o 10^{14}. Por contraste, calculo que el número de bits de la simulación meteorológica de Richardson debía de rondar los mil; y el de la simulación con bombillas de Holmberg, los tres mil bits.[6] Los progresos humanos a este respecto son indudables, pero debemos contextualizarlos en un universo alucinantemente detallado.

Podemos hacer una estimación que equivalga a la resolución de la realidad misma, aunque para ello no podemos basarnos tan solo en el número de partículas. Esto se debe a que en el proceso hay que tener en cuenta la mecánica cuántica y sus difusas incertidumbres, que permiten que las partículas aparezcan y desaparezcan continuamente, y que se entrelacen formando las interdependencias de que hablamos en el capítulo 5. Todo ello aumenta los requisitos de almacenamiento de una manera muy difícil de computar directamente, lo que a su vez precisa de un método de cálculo diferente basado en cúbits, las unidades de almacenamiento de un ordenador cuántico.

El número de cúbits que contiene la realidad se calcula de una manera bastante sorprendente. Primero, estimamos la energía total contenida en el universo observable, que se puede extrapolar basándonos en el fondo cósmico de microondas y otras mediciones. (Según la relatividad, la masa es solo otra forma de energía, por lo que toda la materia del universo también debe incluirse en esta cifra). A continuación, calculamos cuántos cúbits se requieren para representar todas las formas posibles que una cantidad tan grande de energía podría adoptar a lo largo de la historia cósmica. La tarea suena extremadamente vaga y, por lo tanto, imposible, pero a fines de la década de 1970, Stephen Hawking y Jacob Bekenstein desarrollaron unas fórmulas que permiten lograrlo. La clave consiste en imaginar que un agujero negro gigante se traga todo el universo observable, cuyos cúbits se perderían. Como mencioné anteriormente, los agujeros negros parecen destruir toda la información de las partículas que se adentran en ellos, y aunque existe controversia entre los físicos acerca de si esta pérdida es permanente, esto no afecta al cálculo de cúbits.[7] Si sumamos esos cúbits perdidos, obtendremos una estimación de cuántos había en el universo, cifra que resulta ser de 10^{124} cúbits.[8]

Como puede verse, la cifra es espectacularmente superior a los 10^{14} bits clásicos de nuestras simulaciones, más aún si tenemos en cuenta que cada uno de estos tiene mucha menos capacidad que un bit cuántico. Los ordenadores cuánticos de hoy son máquinas impresionantes, pero carecen todavía de la precisión necesaria para hacer realidad el sueño de Feynman de un simulador universal, incluso aunque la cantidad de cúbits en el cosmos fuera más pequeña.[9] Difícilmente podría existir un mayor desajuste entre las simulaciones actuales y los estrictos requisitos que implica reproducir una imitación exacta de la realidad.

Por lo tanto, la hipótesis de una simulación perfecta, por la cual existiríamos dentro de una recreación perfecta o casi perfecta de otra realidad principal, es irrealizable. Incluso si extrapolamos por completo estas capacidades al futuro *hardware*, almacenar 10^{124} cúbits seguirá siendo imposible. Esta conclusión se deduce de invertir el flujo del cálculo anterior, es decir, si en lugar de preguntar cuántos cúbits se necesitan para representar cierta cantidad de energía, preguntamos cuánta energía necesitaría un ordenador cuántico para representar una cantidad deseada de cúbits. El cálculo general aquí es circular: va de energía a cúbits y, de nuevo, a energía, e implica que necesitaríamos usar toda la energía del universo real para crear un solo universo simulado, algo que, incluso en el caso de ser posible, carecería por completo de sentido, no digamos ya de ética.

Por lo tanto, no cabe la esperanza de llegar a realizar jamás simulaciones del universo con la misma resolución que la realidad. Pero ¿qué sucede entonces con la afirmación de Seth Lloyd de que un universo cuántico simulado sería indistinguible de la realidad? Pues que sigue siendo correcta, siempre que se considere una declaración de principios y no una proposición a efectos prácticos, ya que no implica necesariamente una hipótesis de simulación como la de Bostrom. De hecho, la suya cuenta con su propio nombre en inglés: la hipótesis *it-from-qubit*, donde *it* representa la realidad y equivale al procesamiento de bits cuánticos de información, los cúbits.[10]

Aunque están relacionadas, la hipótesis *it-from-qubit* y la hipótesis de simulación son sorprendentemente diferentes. La primera considera que nuestro universo es análogo a una computadora cuántica gigante; uno puede optar por pensar en la realidad como una «simulación», pero el término se emplea aquí metafóricamente porque no hay indicios de ningún *hardware* en el que se esté ejecutando la misma. El propósito de la analogía es proporcionar una forma de abordar la física que pueda ayudar a alcanzar resultados tangibles en áreas tan complejas como la gravedad cuántica. La hipótesis *it-from-qubit* es, por lo tanto, epistemológica: proporciona una forma de pensar sobre la naturaleza de nuestras propias teorías científicas.

La hipótesis de simulación, en cambio, se proclama ontológica: considera la naturaleza de la realidad misma como contingente y dependiente de una máquina y un creador procedentes de un universo que trasciende al nuestro. Se trata, por tanto, de una capa adicional que se superpone a la hipótesis *it-from-qubit* en tanto que afirma que la realidad no solo es análoga a las simulaciones, sino que es literalmente una simulación. Si esto fuera cierto, esta reproducción debería contener muchos más cúbits que nuestra realidad, para poder albergar a la máquina que la ejecuta y a sus creadores. No confío ni remotamente en nuestra capacidad para calibrar con sensatez las intenciones de las criaturas que podrían habitar un universo así, y mucho menos para calcular cuántas simulaciones podrían optar por realizar.

¿Posee la realidad una subcuadrícula?

Hasta ahora, he descartado la posibilidad de que se pueda realizar una simulación perfecta del universo dentro del universo. Pero ¿qué sucedería en el caso de una simulación imperfecta, en la que solo se reprodujese con alta fidelidad una parte y el resto se aproximase de alguna manera? Esto reduciría considerablemente el coste computacional, así que llamaremos a esta hipótesis la «hipótesis de simulación presupuestaria».

A primera vista, estas serían una extrapolación natural del tipo de simulaciones que realizamos hoy. La simplificación de la física es una parte integral del proceso, tan importante que incluso tenemos un nombre para ello: subcuadrícula. Cada vez que se topan con detalles importantes pero que no se pueden reproducir por falta de resolución (como la formación de nubes y lluvia en la meteorología, o el comportamiento de las estrellas y los agujeros negros en las galaxias, por ejemplo), los diseñadores de simulaciones agregan reglas de subcuadrícula que imitan crudamente lo que falta. Por otra parte, los cosmólogos no siempre usamos la misma resolución en todas nuestras simulaciones. Cuando estudiamos cómo se forman las galaxias, a menudo indicamos al ordenador que analice con el máximo detalle solo una o dos, y el resto del universo virtual recibe una atención mínima. Así, una simulación que trabaja con predicciones de un futuro lejano puede centrarse, por ejemplo, en estudiar la evolución de un solo sistema solar, cuya física se calcula con muchísima precisión, mientras recrea solo esquemáticamente las regiones más alejadas del universo, haciendo un uso intensivo de las reglas de la subcuadrícula.

Supongamos por un momento que estamos dentro de tal simulación. En esa realidad habrá diferentes capas: un núcleo interno donde residimos y una parte externa simplificada enormemente en un conjunto de reglas de subcuadrícula y que actúa casi como un escenario generado por ordenador en una película. Pero la simulación tiene que estar bien diseñada para que no notemos las costuras entre la física íntegra y la simplificada mediante los experimentos y observaciones recopilados por la humanidad, por no mencionar nuestros detectores de ondas gravitatorias, de neutrinos o de rayos cósmicos; pues, hasta donde sabemos, la física del espacio exterior se parece mucho a la de la Tierra. Cada vez que se produce un salto tecnológico, como la detección de ondas gravitatorias o la construcción de un telescopio más potente, se abre la posibilidad de que alcancemos el nivel de sofisticación necesario para percibir la diferencia entre la realidad interior y la externa, generada por ordenador.

Hasta ahora, nunca hemos detectado tal desajuste, lo que implica que los supuestos simuladores tendrían que haberse anticipado a nuestros experimentos y mediciones y haber creado reglas de subcuadrícula capaces de salvar esas intromisiones. A mí, esto me suena a teoría conspirativa, pero hay físicos (incluido el destacado cosmólogo John Barrow) que no lo creen así y afirman que lo que yo llamo «hipótesis de simulación presupuestaria» es una proposición científica verificable. Para probar que vivimos en una simulación semejante tendríamos que buscar inexactitudes, algo así como los «fallos de Matrix».[11]

Esa hipótesis me genera muchas dudas. Pero incluso si los experimentos u observaciones encontraran algo parecido a esas incorrecciones, nadie podría garantizar que no se tratase de un fenómeno nuevo, aún por comprender, pero natural. Los descubrimientos de esta clase pueden resultar emocionantes o pueden seguir la fulminante debacle de OPERA, pero en ningún caso probarían que vivimos en una simulación. El núcleo del problema es que, a menos que estemos seguros de cuál es el propósito de una «simulación presupuestaria», no podemos especular sensatamente sobre qué simplificaciones de subcuadrícula habrían tenido que llevar a cabo sus creadores. Me temo que la búsqueda de fallos es un ejercicio de análisis de datos sin una base teórica clara y, como argumenté en el capítulo 6, creo que tales ejercicios no son ciencia.

Basta comparar la búsqueda de fallos con las nociones clave —si bien ciertamente especulativas— de la cosmología dominante, como son la inflación, la materia oscura y la energía oscura: cada uno de estos tres pilares tiene motivaciones claras y sus pronósticos se pueden probar, como expliqué en capítulos anteriores. Es verdad que contienen aspectos maleables y dudosos, y es posible que algún día sean suplantadas por ideas más refinadas; pero son teorías que funcionan y tienen una premisa central a partir de la cual pronosticar y diseñar observaciones y experimentos específicos.

Por el contrario, cuando se examina de cerca, la premisa central de la hipótesis de simulación presupuestaria permanece sin definir. Si aspira a ser algo más que una teoría de la conspiración, alguien tendrá que determinar claramente el propósito de esos futuros científicos. He ahí el punto de partida para comprender qué tipos de subcuadrícula entrarían en juego y, por lo tanto, qué tipo de pruebas podríamos diseñar para hallarlos.

Personalmente, dudo de que las civilizaciones futuras se molesten en construir simulaciones compatibles con la hipótesis de simulación, sea en la forma que sea. No es porque sea tan pesimista que piense que perderemos nuestra curiosidad o nuestra capacidad de investigación en el futuro. Es más bien porque mi optimismo me dice que nuestra curiosidad y nuestra destreza tecnológica evolucionarán hacia algo más interesante. Para profundizar en nuestra comprensión de esta cuestión, es hora de repasar lo que han logrado las simulaciones contemporáneas.

LAS SIMULACIONES COMO CÁLCULOS

Es posible que los científicos del futuro no intenten realizar recreaciones ultradetalladas del universo, pero sí que se apoyen en gran medida en simulaciones de varios tipos. La ciencia siempre ha progresado al mismo ritmo que la tecnología, pero sus premisas fundamentales han cambiado poco desde la Ilustración. Preocupado por la subjetividad de nuestras experiencias sensoriales y por las conclusiones completamente erróneas a las que podían conducirnos, el filósofo del siglo XVII Francis Bacon abogaba por llevar a cabo experimentos cuidadosos que permitieran corregir estos errores de percepción con el tiempo. Creía que la humanidad podía aumentar su comprensión y su poder sobre la naturaleza realizando tantos experimentos controlados como fuera posible; generalizando los resultados para sacar conclusiones tentativas, susceptibles de ser revisadas *a posteriori*; y compartiendo ampliamente el conocimiento resultante.

La historia le dio la razón, aunque, como cosmólogo, debo añadir que no siempre es posible hacer experimentos. Como no podemos controlar el universo, a veces no nos queda más remedio que limitarnos a observar aquello que la naturaleza elija revelarnos a través de la luz que llega desde los confines del espacio. No obstante, la esencia de una ciencia basada en hipótesis pervive, ya que podemos hacer predicciones sobre lo que veremos con un nuevo telescopio en particular y luego verificarlas. Así, ¿qué lugar ocupan las simulaciones dentro de este proceso de formulación y verificación de hipótesis?

Pensemos en el Gran Colisionador de Hadrones, ese gigantesco experimento internacional de física localizado en Ginebra que consiste en hacer chocar partículas y ver qué sucede. Si dos bolas de nieve chocan a poca velocidad lo más probable es que se queden pegadas o que reboten, pero si lo hacen a gran velocidad se convertirán en polvo. Algo similar sucede en la física subatómica, aunque aquí hay que añadir siempre un elemento de rareza cuántica: debido a que las partículas son haces de energía dentro de campos cuánticos, los fragmentos que emergen de la colisión pueden ser diferentes a las partículas que colisionan. Es como si, en el momento del impacto, esas bolas de nieve tan peculiares pudieran convertirse de forma imprevista en azúcar, en harina o en pintura en polvo.

El LHC se hizo célebre por hallar el bosón de Higgs entre los desechos de las colisiones de protones. Y las simulaciones fueron fundamentales para esa búsqueda. No existe algo así como un detector de bosones de Higgs porque este es un subproducto, momentáneo e inestable, de la colisión y se desintegra rápidamente en otras partículas con nombres tan exóticos como «quarks» y «gluones». Para complicar las cosas todavía más, dichas partículas se producen en la propia colisión original con independencia de si hay algún bosón de Higgs involucrado o no. Para comprender qué sucede realmente aquí, hay que abordar la cuestión como un problema inverso, lo que obliga a los físicos a comparar los datos experimentales con diferentes escenarios: ¿qué se observaría con y sin la influencia de un bosón de Higgs? Calcular cuántas partículas, así como de qué tipo y con qué energía, emergerían y se detectarían en cada caso es impracticable para un humano. Las predicciones se realizan mediante simulaciones informáticas que, por lo tanto, están implicadas en el propio descubrimiento.

En los capítulos anteriores vimos ejemplos similares. Cuando se detectan ondas gravitatorias, se compara su forma con los resultados de simulaciones de agujeros negros o estrellas de neutrones en colisión para interpretar qué sucedió realmente. De manera similar, la comparación entre las observaciones de la estructura cósmica a gran escala realizadas con telescopios y las predicciones de las simulaciones demostró que la materia oscura no puede estar compuesta de neutrinos.

Desde esta perspectiva, las simulaciones son una especie de puente en el quehacer científico. No proporcionan una hipótesis, sino que esta viene dada por la teoría en la que se basan. Tampoco aportan datos, ya que estos vienen determinados por el experimento o la observación específicos. Lo que proporcionan más bien las simulaciones es la conexión entre ambos, al predecir qué datos corresponderían a cada una de las hipótesis. Existe una complicación añadida y es que una predicción es siempre aproximada. Como ya expliqué anteriormente, para que los cálculos sean manejables nos vemos obligados a trabajar con simplificaciones. El arte de la simulación consiste en saber distinguir cuándo las aproximaciones están distorsionando una determinada comparación.

A lo largo de la historia, los científicos han recurrido a simplificaciones no del todo justificadas para aproximarse a la realidad. Pensemos en la teoría de la relatividad general: una cosa es escribir las ecuaciones abstractas que explican cómo se deforma el espacio-tiempo con la materia y otra muy distinta es decidir qué implicaciones prácticas tiene eso. Einstein calculó que la órbita de Mercurio diferiría ligeramente de la implícita en la teoría de Newton, y la predicción actualizada se ajustó casi a la perfección a la trayectoria conocida del planeta.[12] Asimismo, predijo cómo se desviaría la luz al atravesar objetos masivos (el efecto llamado «lente gravitatoria»), y sus resultados también fueron confirmados más tarde.[13] Para formular estas predicciones, Einstein empleó una estrategia de aproximación algo cuestionable, justificada solo más adelante cuando Schwarzschild realizó un cálculo más preciso de la gravedad en torno a las estrellas.

Así pues, estimar las implicaciones prácticas de una teoría, aunque sea de manera aproximada, ha sido siempre una parte esencial de la ciencia. Desde esta perspectiva, la distinción entre simulaciones y cálculos manuales parece marginal. Los ejemplos de los pronósticos meteorológicos de Richardson que vimos en el capítulo 2 y las galaxias de bombillas eléctricas de Holmberg del capítulo 3 prueban que no hay nada de lo que hace un ordenador que no podría lograr un equipo humano si contara con un margen de tiempo y una paciencia inagotables.

LAS SIMULACIONES COMO EXPERIMENTOS

¿Eso es todo? No lo creo, y tampoco aquellos filósofos de la ciencia (en particular, Margaret Morrison) que sugieren que las simulaciones informáticas tienen mucho en común con los experimentos en sí.[14] A primera vista, esta afirmación parece cuestionable: la principal característica de una simulación es que hace exactamente lo que el programador le pide, mientras que la de un experimento es que hace lo que la naturaleza exige. Aunque creamos que nuestras teorías pueden describir adecuadamente las leyes de la naturaleza, las simulaciones siempre consisten en aproximaciones sustanciales a las mismas, mientras que los experimentos acontecen en el universo real.

Sin embargo, tampoco es del todo cierto que los experimentos dependan por completo de la naturaleza, ya que son ideados y ejecutados por humanos y sus procesos suelen conllevar toda suerte de aproximaciones y suposiciones impregnadas de nuestras propias teorías y expectativas. Supongamos que estamos diseñando una nueva ala de avión y deseamos probar cómo se comportará en cierto flujo de aire. Para averiguarlo, podemos construir un modelo a escala y probarlo en un túnel de viento real o programar una simulación digital. En el primer caso, estamos partiendo ya de la suposición de que el flujo de aire se comportará de manera similar con un ala de tamaño reducido que con su equivalente a escala real, así como de la suposición de que la proximidad de las paredes del túnel de viento influirá poco en los resultados. En el caso de la simulación, asumimos que el aire se comporta como un fluido y que nuestras conclusiones no se verán alteradas por las diferentes suposiciones implícitas en el código. Ambos procedimientos constituyen pruebas poderosas pero defectuosas, y no está claro por qué una de ellas puede considerarse un experimento y la otra no.

Se supone que los experimentos nos enseñan algo que no sabíamos antes. Y, en circunstancias normales, nada nos impide adquirir nuevos conocimientos físicos usando simulaciones. Después de todo, que un determinado diseño de ala funcione o no funcione bien constituye un hecho físico. Aun así, el desempeño de un ala de avión en particular también puede considerarse un detalle; si los físicos están seguros de que ya poseemos el conocimiento teórico necesario para describir el flujo de aire, todo lo que hace una simulación es dar una nueva forma a ese conocimiento. Desde este punto de vista, las simulaciones son herramientas útiles para revelar verdades ocultas, pero no enseñan a la humanidad nada esencialmente desconocido. ¿Podrían enseñarnos algo nuevo de verdad, algo que no esté implícito en lo que ya conocemos?

La respuesta a esta pregunta depende de la actitud que uno tenga hacia la física. Una forma de concebir esta disciplina es como la búsqueda de una «teoría del todo»: un marco único que describa con coherencia la totalidad de las diferentes partículas y fuerzas de nuestro universo. Hasta la fecha, esa clase de teoría nos sigue siendo esquiva, sobre todo porque la gravedad se comporta de manera muy diferente al resto de fuerzas. Si el objetivo de la física es formular una teoría del todo, lo único que pueden hacer las simulaciones es calcular las consecuencias de una propuesta y sus implicaciones en relación con los datos experimentales, tal y como describí en los casos del bosón de Higgs, de los agujeros negros o de la materia oscura.

Pero el objetivo de la física no es solo encontrar una teoría del todo. Muchos de los fenómenos que nos conciernen, tanto en el mundo cotidiano como en todo el cosmos, son casi independientes de las leyes físicas subyacentes. Tomemos, por ejemplo, la termodinámica, la teoría que nos permite agrupar innumerables átomos y moléculas en una sola porción de aire. Se trata de una rama de la física muy potente, capaz de describir por qué se enfría el té en la taza y cómo construir motores con una eficiencia óptima, o de explicar por qué la vida en el universo no puede durar para siempre.

Pero la termodinámica contiene también conceptos como los de calor y entropía, que carecen de significado en el ámbito de la física de partículas, pues solo entran en juego cuando consideramos un gran número de partículas y añadimos capas adicionales de interpretación sobre cómo se comportan colectivamente. Aunque la conducta particular de los átomos y las moléculas influye en estas propiedades a gran escala, la relación es muy vaga.

Cuando enseño termodinámica a estudiantes universitarios, les doy un código que simula la forma en que se desplazan las partículas. El programa no es meticuloso, por lo que no incorpora detalles precisos sobre las partículas; si comparamos estas con la realidad, veremos que son demasiado pesadas, su número es demasiado reducido y son incapaces de vibrar o girar de la forma en que lo hacen las moléculas reales. Aun así, estas simulaciones permiten descubrir las leyes básicas de la termodinámica. Los estudiantes crean escenarios con regiones calientes y frías (lo que significa que las partículas se mueven a velocidades más altas y más bajas, respectivamente) y observan que las temperaturas se igualan. Al encerrar partículas en una caja virtual que cambia de forma con el tiempo, descubren que los gases se calientan cuando se comprimen y se enfrían cuando se liberan (el mismo principio en el que se basa una nevera). Estudian cómo se difunden las partículas de gas y cómo pueden llegar a impregnar rápidamente toda una habitación, aunque en un principio estuviesen concentradas en un rincón. Todos estos conocimientos se pueden obtener a partir de una simple simulación, a pesar de que los detalles del comportamiento de sus partículas son «incorrectos».

Los fenómenos que surgen de esta manera son tan absolutamente detectables en una simulación como en un experimento tradicional. La termodinámica no es buen ejemplo aquí, porque su funcionamiento se entendía bien mucho antes de la invención de los ordenadores, pero he dado muchos otros genuinos: el modo en que los agujeros negros se vuelven súbitamente contra las galaxias que los contienen, cómo las estrellas que explotan dentro de una galaxia pueden moldear de nuevo la materia oscura que las rodea, o el hecho de que las redes aleatorias de neuronas virtuales sean capaces de aprender, de manera tan similar a la de los cerebros biológicos. No necesitamos reproducir a la perfección la física de los agujeros negros, las partículas de materia oscura, las supernovas o las células cerebrales porque lo que importa es el comportamiento emergente.

El nivel de detalle que nos podemos permitir incluir en las simulaciones es irrisorio si lo comparamos con el de la realidad. Nadie forma planetas dentro de sus galaxias informáticas y rara vez podemos elegir estrellas individuales para su estudio. La rica fenomenología de los agujeros negros, por su parte, se reduce a una breve lista de reglas sobre cómo absorben gas y cómo crean energía. Así las cosas, es muy probable que los pormenores que captemos de cualquier nuevo comportamiento no sean correctos del todo, pero sí podemos capturar algo de su esencia.

Las simulaciones son, por tanto, un laboratorio en el que los científicos pueden experimentar y aprender. A veces, la necesidad computacional de reemplazar la física real por una suerte de caricatura simplificada hace que los experimentos basados en simulaciones sean más útiles, porque el objetivo no es reproducir la forma en que la naturaleza ha configurado el cosmos, sino *comprenderla*. Una buena manera de hacerlo es juguetear con pequeños fragmentos de física: para comprender qué efecto tienen los agujeros negros en una galaxia, podemos activar de repente un interruptor que impida que devoren más gas. Eso fue exactamente lo que hicimos mis colaboradores y yo hace poco, y averiguamos que las galaxias que no formaban nuevas estrellas desde hacía tiempo volvían de nuevo a la vida en cuanto se interrumpían los destructivos efectos de los agujeros negros.[15]

Si pudimos llevar a cabo este experimento es porque los efectos del agujero negro estaban claramente contenidos en las reglas de la subcuadrícula, expresadas en un solo archivo informático dentro del código de simulación. Consideremos una hipotética simulación futura en la que la resolución haya aumentado hasta el punto de que sea innecesario recurrir a esta estrategia para los agujeros negros. A primera vista, se trataría de un avance positivo que aproximaría aún más la simulación a la realidad. En lugar de tener que apoyarnos en especulaciones sobre la rapidez con que un agujero negro absorbe materia de su entorno y sobre la cantidad de energía que deposita, lo haríamos sobre las leyes físicas pertinentes (relatividad general, física de partículas, campos magnéticos, etc.). Pero en ese caso, ya no sería posible aislar claramente cada uno de los efectos de los agujeros negros, porque no podríamos deshabilitar ninguno de estos componentes fundamentales sin provocar profundos efectos secundarios en la simulación.

Por lo tanto, existe un delicado equilibrio entre las ventajas y los inconvenientes de las relativamente sencillas simulaciones basadas en subcuadrículas y aproximaciones. Para que los resultados sigan siendo comprensibles, la agregación constante de nuevos detalles puede no ser algo tan atractivo para las futuras generaciones de científicos. Si las simulaciones son experimentos, han de realizarse con el objetivo de aprender sobre el universo, no de recrearlo.

LAS SIMULACIONES COMO CIENCIA

Las simulaciones son cálculos que nos permiten rastrear los efectos de la física en la atmósfera de la Tierra, en una galaxia o en todo el cosmos. Son experimentos que nos muestran cómo emergen comportamientos complejos a partir de reglas simples. Son herramientas que han configurado la vida moderna mediante avances tan cruciales como la predicción numérica del tiempo o la inteligencia artificial. Sin embargo, no son facsímiles de la realidad, y es poco probable que alguna vez lo sean.

La popularidad de las simulaciones entre los cosmólogos —cada año aparecen una decena de códigos nuevos, cientos de programas y de artículos científicos, y montones de llamativas notas de prensa— no implica que estemos trabajando en pos de una simulación definitiva y perfecta de todo cuanto existe. Como he argumentado en este capítulo, un logro tan extremadamente detallado es imposible y, muy probablemente, carecería de sentido.

Lo que las simulaciones ofrecen es, más bien, una forma de estructurar el conocimiento científico, los hallazgos y la colaboración. Ninguna persona por sí sola podría hoy programar una simulación y compararla con los datos recogidos por un telescopio de exploración moderno. Los conocimientos necesarios para ello son demasiado amplios y abarcan la hidrodinámica, la formación de estrellas, el nacimiento y desarrollo de agujeros negros, la mecánica cuántica, la óptica y la inteligencia artificial. Podemos pasarnos toda la vida estudiando cualquiera de esos campos y todavía nos quedará mucho por aprender.

Esta cualidad abierta es lo que hace que la física sea tan emocionante y que trabajar con simulaciones lo sea aún más. Pero también conlleva que la colaboración sea esencial. Cuando era joven no valoré esa cuestión en su justa medida. Los ordenadores me ofrecían una vía de escape del mundo humano, donde me sentía siempre incómodo. Eran un portal a otra realidad donde el pensamiento puro cobraba vida. Nadie me importunaba demasiado si optaba por habitar ese mundo. De hecho, en el anuario de mi promoción escolar pone que mi principal logro era ser «capaz de construir su propio universo y vivir en él».

Ya no recuerdo si por entonces esperaba que las simulaciones profesionales me ofrecieran una versión ampliada de este *frikismo* informático que permitía a un individuo solitario encerrarse en sí mismo y crear su propio mundo. Si esa era mi expectativa, no podía estar más equivocado: es el factor humano el que hace que las simulaciones sean lo que son. Desde la Ilustración, el trabajo en equipo ha constituido el corazón de la ciencia, porque la colaboración permite a la mente humana llegar mucho más allá de lo que podría por sí sola. Con el tiempo, se creó un sistema, defectuoso pero efectivo, por el que las ideas científicas se difunden a través de publicaciones académicas. Gracias a esas revistas, y especialmente a los vastos archivos digitalizados y disponibles en línea, una sola biblioteca puede ofrecer acceso a casi la totalidad del conocimiento humano.

Con todo, una cosa es tener acceso a las publicaciones y otra muy diferente poder asimilar y comprender su contenido. Los códigos informáticos bien diseñados modifican las demandas del proceso científico: ya no hace falta que una persona tenga que absorber toda esa información, sino que hay diferentes especialistas trabajando en equipo, destilando sus conocimientos en piezas de código que se combinan dentro de una estructura global. El solo hecho de que esto sea posible confirma y reivindica la importancia de la apuesta de Grace Hopper por una programación que sea legible por humanos. Los diferentes aspectos de una simulación se describen en sus respectivos archivos y es la máquina la que se encarga de combinarlos en una larga lista unificada de instrucciones escritas en su propio lenguaje, que es extremadamente detallado. De esa forma, las partes del código que rigen, por ejemplo, la formación de nuevas estrellas, el comportamiento de los agujeros negros, o la generación de condiciones iniciales cuánticas pueden modificarse o reemplazarse sin tocar otras secciones.

Lo más atractivo de las simulaciones no son los mundos virtuales que generan, que son solo una pobre sombra de la realidad. En sí mismos, los entornos simulados no son más emocionantes que una predicción meteorológica. La emoción radica en la capacidad humana, mediante la cual las simulaciones permiten expresar y explorar las relaciones entre diferentes ideas científicas. El código es un conjunto de instrucciones para el ordenador, pero también es una expresión colectiva, viva y en constante evolución de cómo vemos el universo, y que combina las ideas de diferentes personas en un lienzo.

La parte más gratificante de mi trabajo es colaborar con otros seres humanos para interpretar los resultados que producen los ordenadores: los visualizamos, hacemos preguntas y los interpretamos, en un esfuerzo por transformar esos mundos simulados en conocimiento sobre nuestra propia realidad. Las historias que los cosmólogos han extraído de las simulaciones ya forman parte de la ortodoxia cosmológica, y explican cómo se originó nuestro planeta cuando las galaxias se condensaron a partir de una gigantesca red cósmica de materia oscura, modelada a su vez por la gravedad con tan solo microscópicas ondas mecánicas cuánticas.

Todas esas ideas constituyen contribuciones a la cosmología de importancia indiscutible. El logro no está en recrear literalmente el universo, sino en comprender cómo surgen los fenómenos complejos, incluso cuando las reglas codificadas en la simulación son, por sí solas, sencillas. Estudiar esta clase de fenómenos emergentes era casi imposible hace solo unas décadas. Si comparamos la historia particular de las simulaciones con los siglos de progreso científico, comprendemos que todavía están en su infancia. Démosles algunas décadas más y veamos cuánto más nos queda por descubrir.

Agradecimientos

Quiero dar las gracias a los muchos científicos y estudiantes brillantes con los que he podido trabajar, pues todos ellos han influido en mi forma de pensar. Tengo una deuda especial con mis colaboradores más antiguos, Fabio Governato, Hiranya Peiris y Justin Read, así como con mis directores de tesis, Max Pettini y Anthony Challinor. Hiranya ha sido una colega fiel y una fuente de inspiración durante años difíciles, y tuvo la amabilidad también de leer un borrador muy temprano de este libro. Durante las fases de redacción y edición, conté con la valiosa ayuda de Jonathan Davies, Ray Dolan, Richard Ellis, Carlos Frenk, Gandhali Joshi, Matthew van der Merwe, Joe Monaghan, Claudia Muni, Ofer Lahav, Luisa Lucie-Smith, Michael May, Julio Navarro, Tiziana di Matteo y Simon White, así como con la de las instituciones Smithsonian Libraries and Archives y Niels Bohr Library and Archives. Gran parte de mi investigación, que describo en el libro, ha sido financiada con subvenciones del Consejo Europeo de Investigación, la Royal Society y el Science and Technology Facilities Council.

Mis editores, David Milner, Michal Shavit y Courtney Young, me han brindado todo su apoyo, su paciencia y su perspicacia. Chris Wellbelove, mi agente, fue fundamental para concebir el libro y darle forma; sin su apoyo para unir varios hilos, nunca hubiera empezado a escribir. El título fue sugerido por Jamie Coleman. El enfoque que adopto cuando hablo sobre ciencia debe mucho a los presentadores, productores y directores con los que he tenido la suerte de trabajar en varios proyectos, particularmente Helen Arney, Matt Baker, Jonny Berliner, Hannah Fry, Timandra Harkness, Delyth Jones, Michelle Martin, Jonathan y Elin Sanderson, Alom Shaha, Tim Usborne, y Tom y Jen Whyntie.

Este libro es para mi familia. Mis padres, Libby y Peter, siempre me han alentado y apoyado, y no podría haber pedido una hermana mayor mejor que Rosie. Por encima de todo, quiero agradecer el amor y la bondad de mi esposa, Anna, y de mi hijo, Alex, que hacen que valga la pena vivir en este universo. Perdonadme por todos esos fines de semana de trabajo.

Notas

Introducción

1. SatOrb se publicó originalmente en el libro *ZX Spectrum Astronomy. Discover the heavens on your computer*, de Maurice Gavin (publicado en 1984 por Sunshine Books). Supongo que fue mi padre, o uno de sus amigos, quien copió el código del programa en un disco, pues era un pasatiempo común en los albores de la informática doméstica.

2. Garnier *et al.* (2013), *PLOS Computational Biology*, vol. 9, n.º 3, p. e1002984.

3. Deneubourg *et al.* (1989), *Journal of Insect Behaviour*, vol. 2, n.º 5, p. 719.

4. En 2021, la capacidad era de alrededor de 8.000 exabytes, o 6×10^{22} bits. La masa total de la atmósfera ronda los 5×10^{18} kg, lo que se traduce en unas 10^{44} moléculas. Por lo tanto, necesitaríamos 10^{21} veces más almacenamiento para contar con un bit por molécula. Véase Redgate e IDC (8 de septiembre de 2021), *Statista*, en <https://www.statista.com/statistics/1185900/worldwide-datasphere-storage-capacity-installed-base/> (consultado el 10 de julio de 2022).

5. *The New York Times* (10 de marzo de 2009).

6. Tankov (2003), *Financial Modelling with Jump Processes*, Nueva York, Chapman & Hall.

7. Mandelbrot (1963), *Journal of Political Economy*, n.º 5, p. 421.

8. Derman (2011), *Models behaving badly. Why confusing illusion with reality can lead to disaster, on Wall Street and in life* (tesis doctoral), New Jersey, Wiley & Sons.

1. Meteorología y clima

1. Moore (2015), *The Weather Experiment*, Chatto & Windus; comunicado oficial de la Cámara de los Comunes del Parlamento británico, 30 de junio de 1854, col. 1006.

2. Gray (2015), *Public Weather Service Value for Money Review*, Servicio Meteorológico Británico; Lazo *et al.* (2009), *Bulletin of the American Meteorological Society*, vol. 90, n.º 6, p. 785.

3. Pausata *et al.* (2016), *Earth and Planetary Science Letters*, vol. 434, p. 298.

4. Wright (2017), *Frontiers in Earth Science*, vol. 5, <https://doi.org/10.3389/feart.2017.00004>.

5. *New York Daily Times* (2 de noviembre de 1852).

6. *Annual Report of the Board of Regents of the Smithsonian Institution* (1858), p. 32.

7. *Chicago Press & Tribune* (15 de agosto de 1959).

8. *The Times* (14 de diciembre de 1854).

9. Landsberg (1954), *The Scientific Monthly*, vol. 79, p. 347.

10. *The Times* (26 de enero de 1863).

11. *The Times* (11 de abril de 1862).

12. Humphreys (1919), *US National Academy of Sciences. Biographical Memoirs*, vol. 8, p. 469.

13. *Ibid.*

14. Abbe (1901), *Monthly Weather Review*, vol. 29, n.º 12, p. 551.

15. Stevenson (1999), *Nature*, vol. 400, p. 32.

16. Técnicamente, la lista de números no tiene por qué ser infinita, ya que hasta los más mínimos detalles tienen un límite. Una vez hubiera sido representada cada gota de espuma de la ola rompiente, podríamos dejar de añadir información. Pero incluso ese nivel de detalle está fuera de nuestro alcance.

17. Humphreys (1919), *op. cit.*

18. En el prefacio a su libro de 1922, Richardson menciona que «la reducción aritmética de las […] observaciones la llevé a cabo con gran ayuda de mi esposa», Dorothy, antes de que él fuera destinado a Francia. Dado que se trata de una parte crucial y compleja del libro, a día de hoy

Dorothy sería considerada coautora del mismo, aunque fuera Lewis Fry quien lo redactara. Lewis Fry Richardson (1922), *Weather Prediction by Numerical Process*, Cambridge, Cambridge University Press, reimpreso en 2006, con introducción de Peter Lynch.

19. Peter Lynch (1993), *Meteorological Magazine*, vol. 122, p. 69.

20. Richardson (1922), *op. cit.*, p. 219; Ashford (1985), *Prophet or Professor? The Life and Work of Lewis Fry Richardson*, Londres, Adam Hilger.

21. Lynch (1993), *op. cit.*

22. Siberia en 1968, según el *Guinness World Records*, en <https://www.guinnessworldrecords.com/world-records/highest-barometric-pressure-/> (consultado el 28 de octubre de 2022).

23. Peter Lynch (2014), *The Emergence of Numerical Weather Prediction*, Cambridge, Cambridge University Press.

24. Richardson (1922), *op. cit.*, p. 219.

25. Durand-Richard (2010), *Nuncius*, vol. 25, p. 101.

26. «Pascaline», en *Britannica Academic* (7 de octubre de 2008), en <academic.eb.com/levels/collegiate/article/Pascaline/443539> (consultado el 20 de julio de 2022).

27. Freeth (2009), *Scientific American*, vol. 301, p. 76.

28. Babbage (1864), *Passages from the Life of a Philosopher*, Londres, Longman, p. 70.

29. Fuegi y Francis (2003), *IEEE Annals of the History of Computing*, vol. 25, n.° 4, p. 16.

30. *Ibid.*

31. Friedman (1992), *Computer Languages*, vol. 17, n.° 1.

32. Fuegi y Francis (2003), *op. cit.*

33. Lovelace (1843), reimpreso en *Charles Babbage and His Calculating Engines. Selected Writings by Charles Babbage and Others* (1963), Nueva York, Dover, p. 251.

34. Fuegi y Francis (2003), *op. cit.*

35. «ENIAC», en *Britannica Academic* (31 de enero de 2022), en <academic.eb.com/levels/collegiate/article/ENIAC/443545> (consultado el 29 de octubre de 2022).

36. Von Neumann (1955), *Fortune*, reimpreso en *Population and Development Review* (1986), vol. 12, p. 117.

37. «Cold war may spawn weather-control race», *The Washington Post and Times Herald* (23 de diciembre de 1957).

38. Harper (2008), *Endeavour*, vol. 32, n.º 1, p. 20.

39. Fleming (2007), *The Wilson Quarterly*, vol. 31, n.º 2, p. 46.

40. *Ibid.*

41. Charney, Fjörtoft y Von Neumann (1950), *Tellus*, p. 237.

42. Williams (1999), *Naval College Review*, vol. 52, n.º 3, p. 90.

43. Hopper (1978), *History of Programming Languages*, Nueva York, Association for Computing Machinery, p. 7.

44. *Ibid.*

45. *Ibid.*

46. Citado en Platzman (1968), *Bulletin of the American Meteorological Society*, vol. 49, p. 496.

47. Bauer, Thrope y Brunet (2015), *Nature*, vol. 525, p. 47.

48. Alley, Emanuel y Zhang (2019), *Science*, vol. 363, n.º 6.425, p. 342.

49. McAdie (1923), *Geographical Review*, vol. 13, n.º 2, p. 324.

50. Smagorinsky y Collins (1955), *Monthly Weather Review*, vol. 83, n.º 3, p. 53.

51. Coiffier (2012), *Fundamentals of Numerical Weather Prediction*, Cambridge, Cambridge University Press.

52. Lee y Hong (2005), *Bulletin of the American Meteorological Society*, vol. 86, n.º 11, p. 1615.

53. Rueda de prensa en la Princeton University (5 de octubre de 2021), en <https://www.youtube.com/watch?v=BUtzK41Qpsw> (consultado el 28 de octubre de 2022).

54. Judt (2020), *Journal of the Atmospheric Sciences*, vol. 77, n.º 257.

55. Hasselmann (1976), *Tellus*, vol. 28, n.º 6, p. 473.

56. Jackson (2020), *Notes and Records*, vol. 75, p. 105.

57. Von Neumann (1955), *op. cit.*

58. Morrison (1972), *Scientific American*, vol. 226, p. 134.

59. IPCC (2021), *Climate Change 2021. The Physical Science Basis. Contribution of Working Group I to the Sixth Assessment Report of the Intergovernmental Panel on Climate Change*, Cambridge, Cambridge University Press (en imprenta).

60. Manabe y Broccoli (2020), *Beyond Global Warming*, Princeton University Press.

61. El Grupo Intergubernamental de Expertos sobre el Cambio

Climático (IPCC, por sus siglas en inglés) considera esta verificación enormemente importante. IPCC (2021), *op. cit.*, sec. 3.8.2.1.

62. *Daily Mail* (17 de octubre de 1987).

63. *Daily Mail* (19 de octubre de 1987).

64. Alley *et al.* (2019), *Science*, vol. 363, n.º 6.425, p. 342.

65. Estas son las contribuciones relativas por volumen. En cambio, cuando se calcula por masa (lo que permite una comparación más directa con las cifras del universo), los resultados son 75 por ciento y 23 por ciento respectivamente. Walker (1977), *Evolution of the atmosphere*, Nueva York, Macmillan.

2. La materia oscura, la energía oscura y la red cósmica

1. Hays, Imbrie y Shackleton (1976), *Science*, vol. 194, n.º 4.270.

2. Lequeux (2013), *Le Verrier, Magnificent and Detestable Astronomer*, trad. al inglés de Bernard Sheehan, Cham, Springer.

3. Davis (1984), *Annals of Science*, vol. 41, n.º 4, p. 359.

4. *Ibid.*, p. 129.

5. Peierls (1960), *Biographical Memoirs of Fellows of the Royal Society*, vol. 5.174.

6. *Ibid.*

7. Pauli (1930), carta al grupo de físicos participantes en el encuentro Gauverein, en Tubinga, en <https://web.archive.org/web/201507 09024458/https://www.library.ethz.ch/exhibit/pauli/neutrino_e.html>.

8. Lightman y Brawer (1992), *The Lives and Worlds of Modern Cosmologists*, Cambridge (Massachusetts), Harvard University Press.

9. Rubin (2011), *Annual Review of Astronomy and Astrophysics*, vol. 49, n.º 1.

10. *Ibid.*

11. Citado en Bertone y Hooper (2018), *Reviews of Modern Physics*, vol. 90, n.º 045002.

12. Lundmark (1930), *Meddelanden fran Lunds Astronomiska Observatorium, Series I*, vol. 125, p. 1.

13. F. Zwicky (1933), *Helvetica Physica Acta*, vol. 6, n.º 110; Zwicky (1937), *Astrophysical Journal*, vol. 86, p. 217.

14. Rubin (2011), *op. cit.*

15. Holmberg (1941), *Astrophysical Journal*, vol. 94, p. 385.

16. Holmberg (1946), *Meddelanden fran Lunds Astronomiska Observatorium, Series II*, vol. 117, p. 3.

17. Lange (1931), *Naturwissenschaften*, vol. 19, pp. 103-107.

18. White (1976), *Monthly Notices of the Royal Astronomical Society*, vol. 177, p. 717; Toomre y Toomre (1972), *Astrophysical Journal*, vol. 187, pp. 623-666.

19. *Ibid.*

20. Geller y Huchra (1989), *Science*, vol. 4.932, pp. 897-903.

21. Entrevista de Alan Lightman a Marc Davis (14 de octubre de 1988), Maryland, Niels Bohr Library & Archives, American Institute of Physics, <www.aip.org/history-programs/niels-bohr-library/oral-histories/34298>.

22. *Cosmic Extinction. The Far Future of the Universe* (7 de junio de 2022), ciclo de conferencias de la Durham University.

23. Frenk (2022), comunicación personal.

24. De hecho, algunos de los experimentos iniciales apuntaban erróneamente a una masa mayor de lo que ahora sabemos que es posible en el caso de los neutrinos. Aun siendo incorrectas por exceso, esas masas seguían siendo diminutas en comparación con los átomos. Lubimov *et al.* (1980), *Physics Letters B*, vol. 94, p. 266.

25. Peebles (1982), *Astrophysical Journal*, vol. 258, p. 415.

26. White, Frenk y Davis (1983), *Astrophysical Journal*, vol. 274, p. L1.

27. Aker *et al.* (2019), *Physical Review Letters*, vol. 123, p. 221802.

28. Silk, Szalay y Zeldovich (1983), *Scientific American*, vol. 249, n.º 4, p. 72.

29. White (2021), comunicación personal.

30. Entrevista de Alan Lightman a Marc Davis (1988), *op. cit.*

31. Lightman y Brawer (1992), *op. cit.*

32. Huchra, Geller, De Lapparent y Burg (1988), colección *International Astronomical Union Symposium*, vol. 130, p. 105.

33. *Ibid.*

34. Calder y Lahav (2008), *Astronomy & Geophysics*, vol. 49, 1.13-1.18.

35. La razón por la que la red cósmica alcanza escalas más grandes cuando la energía oscura está presente es ligeramente sutil y está relacio-

nada con el desequilibrio resultante entre la materia y la radiación en el universo primitivo cuando la energía oscura está presente.

36. Tulin y Yu (2018), *Physics Reports*, vol. 730, p. 1.

37. Pontzen y Governato (2014), *Nature*, vol. 506, n.° 7.487, p. 171; Pontzen y Peiris (2010), *New Scientist*, vol. 2.772, p. 22.

38. Abel, Bryan y Norman (2002), *Science*, vol. 295, n.° 5.552, p. 93.

3. LAS GALAXIAS Y LA SUBCUADRÍCULA

1. Tinsley (1967), «Evolution of Galaxies and its Significance for Cosmology» (tesis doctoral), Austin, University of Texas, <http://hdl. handle.net/2152/65619>.

2. Sandage (1968), *The Observatory*, vol. 89, p. 91.

3. «The supereyes. Five giant telescopes now in construction to advance astronomy», en *The Wall Street Journal* (10 de octubre de 1967).

4. Hill (1986), *My daughter Beatrice*, Maryland, American Physical Society, p. 49.

5. Catley (2006), *Bright Star. Beatrice Hill Tinsley, Astronomer*, Auckland, Cape Catley Press, p. 165.

6. Sandage (1968), *op. cit.*; véase también Oke y Sandage (1968), *Astrophysical Journal*, vol. 154, p. 21.

7. Tinsley (1970), *Astrophysics and Space Science*, vol. 6, n.° 3, p. 344.

8. Sandage (1972), *Astrophysical Journal*, vol. 178, p. 1.

9. Bartelmann (2010), *Classical and Quantum Gravity*, vol. 27, p. 233001.

10. Peebles (1982), *Astrophysical Journal Letters*, vol. 263, p. L1; Blumenthal *et al.* (1984), *Nature*, vol. 311, p. 517; Frenk *et al.* (1985), *Nature*, vol. 317, p. 595.

11. White (1989), «The Epoch of Galaxy Formation», en *NATO Advanced Science Institutes (ASI) Series C*, vol. 264, p. 15.

12. White y Frenk (1991), *Astrophysical Journal*, vol. 379, p. 52.

13. Por ejemplo, Sanders (1990), *Astronomy and Astrophysics Review*, vol. 2, p. 1.

14. Véase, por ejemplo, la discusión al respecto en White (1989), *op. cit.*

15. Ellis (1998), «The Hubble Deep Field», en *STScI Symposium Series 11*, Cambridge, Cambridge University Press, p. 27.

16. Adorf (1995), «The Hubble Deep Field project», en *ST-ECF Newsletter*, vol. 23, p. 24.

17. Larson (1974), *Monthly Notices of the Royal Astronomical Society*, vol. 169, p. 229; Larson y Tinsley (1977), *Astrophysical Journal*, vol. 219, p. 46.

18. Somerville, Primack y Faber (2001), *Monthly Notices of the Royal Astronomical Society*, vol. 320, p. 504.

19. Ellis (1998), *op. cit.*

20. Tinsley (1980), *Fundamentals of Cosmic Physics*, vol. 5, p. 287.

21. Cen, Jameson, Liu y Ostriker (1990), *Astrophysical Journal*, vol. 362, p. L41.

22. Gingold y Monaghan (1977), *Monthly Notices of the Royal Astronomical Society*, vol. 181, p. 375.

23. Monaghan (1992), *Annual Reviews in Astronomy and Astrophysics*, vol. 30, p. 543.

24. Monaghan, Bicknell y Humble (1994), *Physical Review D*, vol. 77, p. 217.

25. Katz y Gunn (1991), *Astrophysical Journal*, vol. 377, p. 365; Navarro y Benz (1991), *Astrophysical Journal*, vol. 380, p. 320.

26. Katz (1992), *Astrophysical Journal*, vol. 391, p. 502.

27. Moore *et al.* (1999), *Astrophysical Journal*, vol. 524, n.° 1, p. L19.

28. Ostriker y Steinhardt (2003), *Science*, vol. 300, n.° 5.627, p. 1909.

29. Battersby (2004), *New Scientist*, vol. 184, n.° 2.469, p. 20.

30. Governato *et al.* (2004), *Astrophysical Journal*, vol. 607, p. 688; Governato *et al.* (2007), *Monthly Notices of the Royal Astronomical Society*, vol. 374, p. 1479.

31. Katz (1992), *op. cit.*

32. Springel y Hernquist (2003), *Monthly Notices of the Royal Astronomical Society*, vol. 339, p. 289; Robertson *et al.* (2006), *Astrophysical Journal*, vol. 645, p. 986.

33. Stinson *et al.* (2006), *Monthly Notices of the Royal Astronomical Society*, vol. 373, n.° 3, p. 1074.

34. Governato *et al.* (2007), *Monthly Notices of the Royal Astronomical Society*, vol. 374, p. 1479.

35. Pontzen y Governato (2012), *Monthly Notices of the Royal Astronomical Society*, vol. 421, p. 3464.

36. Kauffmann (2014), *Monthly Notices of the Royal Astronomical Society*, vol. 441, p. 2717.

4. Agujeros negros

1. Entrevista de Spencer Weart a Martin Schwarzschild (10 de marzo de 1977), Maryland, Niels Bohr Library & Archives, American Institute of Physics, <https://www.aip.org/history-programs/niels-bohr-library/oral-histories/4870-1>.

2. De hecho, Schwarzschild basó el primero de estos artículos en una versión incompleta pero previamente publicada de las ecuaciones de Einstein, por lo que su rápida aplicación de aquella nueva idea no fue tan extraordinaria como pudiera parecer a primera vista.

3. Schwarzschild (1916), *Sitzungsberichte der Königlich Preussischen Akademie der Wissenschaften zu Berlin, Phys.-Math. Klasse*, Berlín, Verlag der Königlichen Akademie der Wissenschaften, p. 424.

4. Schwarzschild (1992), *Gesammelte Werke (Collected Works)*, Cham, Springer.

5. Thorne (1994), *From black holes to time warps. Einstein's outrageous legacy*, Nueva York, W. W. Norton & Company. [Hay trad. cast.: *Agujeros negros y tiempo curvo. El escandaloso legado de Einstein*, Barcelona, Crítica, 2018].

6. Oppenheimer y Snyder (1939), *Physical Review*, vol. 56, p. 455.

7. Oppenheimer y Volkoff (1939), *Physical Review*, vol. 55, p. 374.

8. Bird y Sherwin (2005), *American Prometheus. The Triumph and Tragedy of J. Robert Oppenheimer*, Nueva York, Alfred A. Knopf. [Hay trad. cast.: *Prometeo Americano*, Barcelona, Debate, 2023].

9. Arnett, Baym y Cooper (2020), «Stirling Colgate», en *Biographical Memoirs of the National Academy of Sciences*.

10. *Ibid.*

11. Teller (2001), *Memoirs. A twentieth-century journey in science and politics*, Nueva York, Perseus, p. 166.

12. Arnett, Baym y Cooper (2020), *op. cit.*

13. Colgate (1968), *Canadian Journal of Physics*, vol. 46, n.° 10,

p. S476; Klebesadel, Strong y Olson (1973), *Astrophysical Journal*, vol. 182, p. L85.

14. Breen y McCarthy (1995), *Vistas in Astronomy*, vol. 39, p. 363.

15. May y White (1966), *Physical Review Letters*, vol. 141, p. 4.

16. Hafele y Keating (1972), *Science*, vol. 177, p. 168.

17. Han Fei (*c*. 300 a. e. c.), *The complete works of Han Fei Tzu*, vol. 2, Londres, Arthur Probsthain, p. 204.

18. Einstein y Rosen (1935), *Physical Review*, vol. 49, p. 404.

19. Hannam *et al.* (2008), *Physical Review D*, vol. 78, p. 064020.

20. Thorne (2017), discurso de aceptación del Premio Nobel, en <www.nobelprize.org/prizes/physics/2017/thorne/lecture/> (consultado el 28 de octubre de 2022).

21. Wheeler (1955), *Physical Review*, vol. 97, p. 511.

22. Murphy (2000), *Women becoming mathematicians*, Cambridge (Massachusetts), MIT Press.

23. Hahn (1958), *Communications on Pure and Applied Mathematics*, vol. 11, n.° 2, p. 243.

24. Lindquist (1962), «The Two-body problem in Geometrodynamics» (tesis doctoral), New Jersey, Princeton University, p. 24.

25. Hahn y Lindquist (1964), *Annals of Physics*, vol. 29, p. 304.

26. Pretorious (2005), *Physical Review Letters*, vol. 95, p. 121101; Campanelli *et al.* (2006), *Physical Review Letters*, vol. 96, p. 111101; Baker *et al.* (2006), *Physical Review Letters*, vol. 96, p. 111102.

27. Overbye (1991), *Lonely Hearts of the Cosmos*, Nueva York, HarperCollins [hay trad. cast.: *Corazones solitarios en el cosmos*, Barcelona, RBA, 1994]; Schmidt (1963), *Nature*, vol. 197, n.° 4.872, p. 1040; Greenstein y Thomas (1963), *Astronomical Journal*, vol. 68, p. 279.

28. Blandford y Znajek (1977), *Monthly Notices of the Royal Astronomical Society*, vol. 179, p. 433.

29. Springel y Hernquist (2003), *Monthly Notices of the Royal Astronomical Society*, vol. 339, n.° 2, p. 289.

30. Di Matteo (2020), comunicación personal.

31. Di Matteo, Springel y Hernquist (2005), *Nature*, vol. 433.

32. Di Matteo (2020), comunicación personal.

33. Silk y Rees (1998), *Astronomy & Astrophysics*, vol. 331, p. L1.

34. Magorrian *et al.* (1998), *Astronomical Journal*, vol. 115, p. 2285.

35. Sanchez *et al.* (2021), *Astrophysical Journal*, vol. 911, p. 116;

Davies *et al.* (2021), *Monthly Notices of the Royal Astronomical Society*, vol. 501, p. 236.

36. Volonteri (2010), *Astronomy and Astrophysics Review*, vol. 18, p. 279.

37. Tremmel *et al.* (2018), *Astrophysical Journal*, vol. 857, p. 22.

38. ESA (2021), *LISA Mission Summary*, en <https://sci.esa.int/web/lisa/-/61367-mission-summary> (consultado el 29 de octubre de 2022).

39. Hawking (1966), «Properties of expanding universes» (tesis doctoral), Cambridge, University of Cambridge, <https://doi.org/10.17863/CAM.11283>.

5. La mecánica cuántica y los orígenes del cosmos

1. Nobel Prize Outreach AB (2022), «Louis de Broglie» (nota biográfica), en <https://www.nobelprize.org/prizes/physics/1929/broglie/biographical/> (consultado el 28 de octubre de 2022).

2. Islam *et al.* (2014), *Chemical Society Reviews*, vol. 43, p. 185; Csermely *et al.* (2013), *Pharmacology & Therapeutics*, vol. 138, p. 333; Gur *et al.* (2020), *Journal of Chemical Physics*, vol. 143, p. 075101; Qu *et al.* (2018), *Advances in Civil Engineering*, Londres, Hindawi Publishing Corporation; Hou *et al.* (2017), *Carbon*, vol. 115, p. 188.

3. Hubbard (1979), en Harding y Hintikka, eds., *Discovering Reality*, Vermont, Schenkman, pp. 45-69.

4. *Boston Globe* (5 de septiembre de 2016).

5. Karplus (2006), *Annual Reviews in Biophysics and Biomolecular Structure*, vol. 35, p. 1.

6. *Ibid.*

7. En realidad, las simulaciones cuánticas representan las variaciones a través del espacio de una manera mucho más compleja y cuidadosamente elaborada, pero el ejemplo de la cuadrícula sirve para comprender el concepto.

8. Miller (2013), *Physics Today*, vol. 66, n.º 12, p. 13.

9. Benioff (1982), *International Journal of Theoretical Physics*, vol. 21, n.º 3, p. 177.

10. Feynman (1982), *International Journal of Theoretical Physics*, vol. 21, n.º 6, p. 467.

11. *Restructure!* (2009), en <https://restructure.wordpress.com/2009/08/07/sexist-feynman-called-a-woman-worse-than-a-whore/> (consultado el 28 de octubre de 2022).

12. Lloyd (1996), *Science*, vol. 273, p. 1073.

13. Google AI Quantum *et al.* (2020), *Science*, vol. 369, n.º 6.507, p. 1084.

14. Preskill (2018), *Quantum*, vol. 2, p. 79.

15. Heuck, Jacobs y Englund (2020), *Physical Review Letters*, vol. 124, p. 160501.

16. Byrne (2010), *The Many Worlds of Hugh Everett III*, Oxford, Oxford University Press.

17. Por ejemplo, Matteucci *et al.* (2013), *European Journal of Physics*, vol. 34, p. 511.

18. Von Neumann (2018), *Mathematical Foundations of Quantum Mechanics. New Edition*, ed. Nicholas A. Wheeler, New Jersey, Princeton University Press, p. 273. [Hay trad. cast.: *Fundamentos matemáticos de la mecánica cuántica*, Madrid, CSIC, 2018].

19. Para un resumen de algunos de los notables trabajos experimentales que muestran estos principios en acción, véase Zeilinger (1999), *Review of Modern Physics*, vol. 71, p. S288.

20. Wigner (1972), en *The Collected Works of Eugene Paul Wigner*, vol. B/6, Cham, Springer, p. 261.

21. Para una discusión sobre las diferentes escuelas del idealismo, véase Guyer y Horstmann (2022), «Idealism», en Edward N. Zalta, ed., *The Stanford Encyclopedia of Philosophy*, en <https://plato.stanford.edu/archives/spr2022/entries/idealism/>.

22. Wheeler (1983), en *Quantum Theory and Measurement*, New Jersey, Princeton University Press, p. 182, <www.jstor.org/stable/j.ctt7ztxn5.24>.

23. Penrose (1989), *The Emperor's New Mind*, Oxford, Oxford University Press. [Hay trad. cast.: *La nueva mente del emperador*, Barcelona, Debolsillo, 2006].

24. Howl, Penrose y Fuentes (2019), *New Journal of Physics*, vol. 21, n.º 4, p. 043047.

25. Aspect, Dalibard y Roger (1982), *Physical Review Letters*, vol. 49, n.º 25, p. 1804.

26. La tesis completa no fue publicada hasta 1973; Everett (1973),

en *The Many-Worlds Interpretation of Quantum Mechanics*, New Jersey, Princeton University Press, p. 3.

27. Saunders (1993), *Foundations of Physics*, vol. 23, n.º 12, p. 1553.

28. Deutsch (1985), *Proceedings of the Royal Society A*, vol. 400, n.º 1.818, p. 97.

29. Para una discusión extensa entre proeverettianos y antieverettianos, véase Saunders, Barrett, Kent y Wallace (2010), *Many Worlds?*, Oxford, Oxford University Press.

30. Véase, por ejemplo, el capítulo 27 de Penrose (2004), *The Road to Reality*, Londres, Jonathan Cape. [Hay trad. cast.: *El camino a la realidad. Una guía completa de las leyes del universo*, Barcelona, Debate, 2006].

31. En <https://www.bankofengland.co.uk/monetary-policy/inflation/inflation-calculator> (consultado el 28 de octubre de 2022).

32. Turroni (1937), *The Economics of Inflation*, Bradford & Dickens, p. 441.

33. Para calcular este requisito mínimo hay que comparar el tamaño del universo observable en la actualidad con cómo viajaban los rayos de luz a través del universo joven.

34. Para una evaluación actualizada, véase Planck Collaboration (2018), *Astronomy & Astrophysics*, vol. 641, p. A6.

35. Cabría esperar que pudiéramos establecer el tipo de estructura apreciable en el fondo cósmico de microondas (que revela las ondas específicas de nuestro universo particular) como el único punto de partida «correcto» de las simulaciones. Sin embargo, hay que tener en cuenta que la luz es antiquísima, por lo que ha recorrido también muy largas distancias. Así, esto solo nos aporta información sobre el punto de partida correspondiente a partes muy distantes del universo, y no sabemos cómo evolucionaron las galaxias en esas regiones.

36. Springel *et al.* (2018), *Monthly Notices of the Royal Astronomical Society*, vol. 475, p. 676; Tremmel *et al.* (2017), *Monthly Notices of the Royal Astronomical Society*, vol. 470, p. 1121; Schaye *et al.* (2015), *Monthly Notices of the Royal Astronomical Society*, vol. 446, p. 521.

37. Roth, Pontzen y Peiris (2016), *Monthly Notices of the Royal Astronomical Society*, vol. 455, p. 974.

38. Rey *et al.* (2019), *Astrophysical Journal*, vol. 886, n.º 1, p. L3; Pontzen *et al.* (2017), *Monthly Notices of the Royal Astronomical Society*,

vol. 465, p. 547; Sanchez *et al.* (2021), *Astrophysical Journal*, vol. 911, n.º 2, p. 116.

39. Pontzen, Slosar, Roth y Peiris (2016), *Physical Review D*, vol. 93, p. 3519.

40. Angulo y Pontzen (2016), *Monthly Notices of the Royal Astronomical Society*, vol. 462, n.º 1, p. L1.

41. Mack (2020), *The End of Everything*, Londres, Allen Lane. [Hay trad. cast.: *El fin de todo (astrofísicamente hablando)*, Crítica, Barcelona, 2021].

42. Este argumento ha sido esgrimido en múltiples ocasiones y bajo diferentes formas; véase, por ejemplo, el capítulo 28.5 de Penrose (2004), *op. cit.* Véase también Ijjas *et al.* (2017), *Scientific American*, vol. 316, p. 32.

43. Kamionkowski y Kovetz (2016), *Annual Review of Astronomy and Astrophysics*, vol. 54, p. 227.

44. Giddings y Mangano (2008), *Physical Review D*, vol. 78, n.º 3, p. 035009; Hut y Rees (1983), *Nature*, vol. 302, n.º 5.908, p. 508.

6. Pensar

1. Homero (*c.* VIII a. e. c.), *Odisea*, canto 7, 87.

2. «NYPD's robot dog will be returned after outrage», *New York Post* (28 de abril de 2021).

3. *The Guardian* (2018), en <https://www.youtube.com/watch?v=W1LWMk7JB80> (consultado el 28 de octubre de 2022).

4. De todas formas, los libros *La conciencia explicada* (1991), de Daniel C. Dennett, y *Gödel, Escher, Bach* (1979), de Douglas Hofsadter, sugieren que la conciencia podría ser una consecuencia natural de un sofisticado aparato pensante.

5. Turing (1950), *Mind*, vol. 59, p. 433.

6. The Law Society (2018), «Six ways the legal sector is using AI right now», en <https://www.lawsociety.org.uk> (consultado el 3 de febrero de 2022).

7. Suponiendo un formato de paquete de cine digital (DCP, por sus siglas en inglés) de 250 megabits por segundo y películas de noventa minutos de duración. Más que suficiente.

8. National Library of Medicines Profiles in Science, perfil biográfico de Joshua Lederberg, en <https://profiles.nlm.nih.gov/spotlight/bb/feature/biographical-overview> (consultado el 28 de octubre de 2022).

9. Blumberg (2008), *Nature*, vol. 452, p. 422.

10. Más concretamente, los campos eléctricos y magnéticos se utilizan para inferir la relación entre la masa y la carga de los fragmentos.

11. Bielow *et al.* (2011), *Journal of proteome research*, vol. 10, n.° 7, p. 2922.

12. Smith (2013), en *Encyclopedia of Forensic Sciences*, Cambridge (Massachusetts), Academic Press, p. 603.

13. La misión debía lanzarse en un cohete ruso en 2022, pero se ha suspendido debido a la guerra de Ucrania. Ahora se espera que se lance a finales de la década. En <https://www.esa.int/Science_Exploration/Human_and_Robotic_Exploration/Exploration/ExoMars/Rover_ready_next_steps_for_ExoMars> (consultado el 28 de octubre de 2022).

14. Planck Collaboration (2020), *Astronomy and Astrophysics Review*, vol. 641, n.° 6.

15. Joyce, Lombriser y Schmidt (2016), *Annual Review of Nuclear and Particle Science*, vol. 66, p. 95.

16. Jaynes (2003), *Probability theory. The logic of science*, Cambridge, Cambridge University Press, p. 112.

17. Existen, literalmente, cientos de artículos académicos en los que se aplican estas técnicas. Para algunos ejemplos pioneros, véase Ashton *et al.* (2019), *Astrophysical Journal Supplement*, vol. 241, n.° 27; Verde *et al.* (2003), *Astrophysical Journal Supplement*, vol. 148, n.° 195; Kafle (2014), *Astrophysical Journal*, vol. 794, p. 59.

18. Lightman y Brawer (1992), *The Lives and Worlds of Modern Cosmologists*, Cambridge (Massachusetts), Harvard University Press.

19. Hawking (1969), *Monthly Notices of the Royal Astronomical Society*, vol. 142, p. 129.

20. *Ibid.*

21. Pontzen (2009), *Physical Review D*, vol. 79, n.° 10, p. 103518; Pontzen y Challinor (2007), *Monthly Notices of the Royal Astronomical Society*, vol. 380, p. 1387.

22. Hayden y Villeneuve (2011), *Cambridge Archaeological Journal*, vol. 21, n.° 3, p. 331.

23. Coe *et al.* (2006), *Astrophysical Journal*, vol. 132, p. 926.

24. Fan y Makram (2019), *Frontiers in Neuroinformatics*, vol. 13, p. 32.

25. Hodgkin y Huxley (1952), *Journal of Physiology*, vol. 117, p. 500.

26. Swanson y Lichtman (2016), *Annual Reviews of Neuroscience*, vol. 39, p. 197.

27. Como dijimos antes, en 2021 la capacidad rondaba los 8×10^{21} bytes. Véase *Statista*, *op. cit.*

28. Hebb (1949), *The Organization of Behaviour. A Neurophysical Theory*, Nueva York, Wiley & Sons [hay trad. cast.: *Organización de la conducta*, Debate, Barcelona, 1985]; Martin, Grimwood y Morris (2000), *Annual Reviews of Neuroscience*, vol. 23, p. 649.

29. Hebb (1939), *Journal of General Psychology*, vol. 21, n.º 1, p. 73.

30. Fields (2020), *Scientific American*, vol. 322, p. 74.

31. Bargmann y Marder (2013), *Nature Methods*, vol. 10, p. 483; Jabr, «The Connectome Debate. Is Mapping the Mind of a Worm Worth It?», en *Scientific American* (2 de octubre de 2012).

32. Rosenblatt (1958), *Research Trends of Cornell Aeronautical Laboratory*, vol. VI, p. 2.

33. «Electronic "Brain" Teaches Itself», *The New York Times* (13 de julio de 1958).

34. Rosenblatt (1961), *Principles of Neurodynamics. Perceptrons and the Theory of Brain Mechanisms*, informe n.º VG-1196-G-8, Nueva York, Cornell Aeronautical Laboratory.

35. En <https://news.cornell.edu/stories/2019/09/professors-perceptron-paved-way-ai-60-years-too-soon> (consultado el 28 de octubre de 2022).

36. Registros de Cornell University News Service, #4–3–15, 2073562, *Mark I Perceptron at Cornell Aeronautical Laboratory*, en <https://digital.library.cornell.edu/catalog/ss:550351> (consultado el 28 de octubre de 2022).

37. Hay (1960), *Mark 1 Perceptron Operators' Manual*, informe n.º VG-1196-G-5, Nueva York, Cornell Aeronautical Laboratory.

38. Crawford (2021), *Atlas of AI*, New Haven, Yale University Press.

39. Firth, Lahav y Somerville (2003), *Monthly Notices of the Royal Astronomical Society*, vol. 339, p. 1195; Collister y Lahav (2004), *Publications of the Astronomical Society of the Pacific*, vol. 116, p. 345.

40. Por ejemplo, De Jong *et al.* (2017), *Astronomy and Astrophysics*, vol. 604, p. A134.

41. Lochner *et al.* (2016), *Astrophysical Journal Supplement*, vol. 225, p. 31.

42. Schanche *et al.* (2019), *Monthly Notices of the Royal Astronomical Society*, vol. 483, n.º 4, p. 5534.

43. Jumper *et al.* (2021), *Nature*, vol. 596, p. 583.

44. Anderson (16 de julio de 2008), «The End of Theory. The Data Deluge Makes the Scientific Method Obsolete», *Wired*, <https://www.wired.com/2008/06/pb-theory/> (consultado el 28 de octubre de 2022).

45. Matson, «Faster-Than-Light Neutrinos? Physics Luminaries Voice Doubts», *Scientific American* (26 de septiembre de 2011).

46. Reich (2012), «Embattled neutrino project leaders step down», *Nature*, <https://doi.org/10.1038/nature.2012.10371>.

47. GDPR, art. 15 1(h); <https://gdpr.eu/article-15-right-of-access/> (consultado el 28 de octubre de 2022).

48. Iten *et al.* (2020), *Physical Review Letters*, vol. 124, p. 010508.

49. Ruehle (2019), *Physics Reports*, vol. 839, p. 1.

50. Lucie-Smith *et al.* (2022), *Physical Review D*, vol. 105, n.º 10, p. 103533.

51. «Robots "to replace up to 20 million factory jobs" by 2030», *BBC News* (26 de junio de 2019), <https://www.bbc.co.uk/news/business-48760799> (consultado el 28 de octubre de 2022).

52. Buolamwini (2019), «Artificial Intelligence Has a Problem With Gender and Racial Bias. Here's How to Solve It», *Time Magazine*, <https://time.com/5520558/artificial-intelligence-racial-gender-bias/> (consultado el 28 de octubre de 2022).

53. Crawford (2021), *op. cit.*

54. «Twitter admits far more Russian bots posted on election than it had disclosed», *The Guardian* (20 de enero 2018), <https://www.theguardian.com/technology/2018/jan/19/twitter-admits-far-more-russian-bots-posted-on-election-than-it-had-disclosed> (consultado el 28 de octubre de 2022).

55. Brown *et al.* (2020), «Language Models are Few-Shot Learners», en *Advances in Neural Information Processing Systems 33*, <https://arxiv.org/abs/2005.14165v1>.

56. Floridi y Chiriatti (2020), *Minds & Machines*, vol. 30, p. 681; para un ejemplo impactante de un sistema basado en GPT capaz de escribir código, véase GitHub Copilot, <https://github.com/features/copilot> (consultado el 24 de octubre de 2022).

7. SIMULACIONES, CIENCIA Y REALIDAD

1. Fredkin (2003), *International Journal of Theoretical Physics*, vol. 42, n.º 2; Lloyd (2005), *Programming the Universe*, Londres, Jonathan Cape.

2. En <https://startalkmedia.com/show/universe-simulation-brian-greene/>; <https://www.nbcnews.com/mach/science/what-simulation-hypothesis-why-some-think-life-simulated-reality-ncna913926>; <https://richarddawkins.com/articles/article/are-our-heads-in-the-cloud> (consultados todos el 28 de octubre de 2022).

3. Bostrom (2003), *Philosophical Quarterly*, vol. 53, p. 243.

4. Chalmers (2021), *Reality+*, Londres, Allen Lane.

5. En <https://richarddawkins.com/articles/article/are-our-heads-in-the-cloud> (consultado el 28 de octubre de 2022).

6. Dado que se trataba de cálculos humanos, traducirlos a bits no es lo más natural, pero aun así se puede hacer una estimación. Holmberg tenía 74 bombillas, cada una de las cuales podía moverse en dos dimensiones y poseía dos dimensiones de movimiento, lo que requiere 296 cifras para describir la simulación en un momento dado. Asumiendo que pudo medir hasta tres cifras significativas, la cantidad de bits por número sería aproximadamente de $\log_2 10^3 \approx 10$, lo que arrojaría un total aproximado de unos 3.000 bits. En cuanto a los Richardson, la cuadrícula inicial, cuya confección Louis Fry atribuye explícitamente a su esposa, tiene 70 valores de viento registrados con tres cifras significativas y 45 valores de presión con cuatro cifras significativas (así como otra información secundaria), lo que da una estimación de 1.000 bits.

7. Raju (2022), *Physics Reports*, vol. 943, p. 1.

8. Hawking (1976), *Physical Review Letters*, vol. 13, p. 191; Bekenstein (1980), *Physics Today*, vol. 33, n.º 1, p. 24; Zurek y Thorne (1985),

Physical Review Letters, vol. 54, n.º 20, p. 2171. En su libro, Seth Lloyd cita una cifra mucho menor, de 10^{92} cúbits, basándose en el cálculo de la entropía de un estado térmico en ausencia de gravedad. Cualquiera que sea la forma que se elija para hacer el cálculo, la conclusión básica no se ve afectada: solo el universo entero puede simular el universo entero.

9. Preskill (2018), *Quantum*, vol. 2, p. 79.

10. Esta idea puede remontarse hasta Wheeler (1992), *Quantum Coherence and Reality*, Columbia, World Scientific, p. 281.

11. Barrow (2007), *Universe or Multiverse?*, Cambridge, Cambridge University Press, p. 481; Beane *et al.* (2014), *European Physics Journal A*, vol. 50, n.º 148.

12. Einstein (1915), *Sitzungsberichte der Königlich Preußische Akademie der Wissenschaften*, Berlín, Verlag der Königlichen Akademie der Wissenschaften, p. 831.

13. Dyson, Eddington y Davidson (1920), *Philosophical Transactions of the Royal Society of London Series A*, vol. 220, p. 291.

14. Morrison (2009), *Philosophical Studies*, vol. 143, p. 33; véase también Norton y Suppe (2001), en *Changing the Atmosphere. Expert Knowledge and Environmental Governance*, Cambridge (Massachusetts), MIT Press.

15. Pontzen *et al.* (2017), *Monthly Notices of the Royal Astronomical Society*, vol. 465, p. 547.

Índice alfabético

cálculos, simulaciones como,
248-251
calor, en la termodinámica, 253
Caltech, *véase* Instituto
Tecnológico de California
cambio climático, 61
campo profundo del Hubble,
110-114, 123, 124, 131
campos magnéticos, 196
en la formación de galaxias,
132
Cangrejo, nebulosa del, explosión
de una supernova, 141
caos
climático, 58-62
combinación con la mecánica
cuántica, 177
carbono, concentración en las
galaxias distantes y antiguas
de, 126
cerebro
número de neuronas en el,
220-221
propiedades eléctricas del,
221
cerebro digital, construcción de
un, 202-203
Chalmers, David, filósofo de la
mente, 239
ChatGPT, modelo, 231
códigos informáticos de
simulación, 13, 14, 19, 32,
45-53, 57, 63, 86, 87, 121,
125, 129, 141, 147, 192,
197, 202, 203, 212, 223, 228,
233, 252, 253, 255, 256, 257,
258

Colgate, Stirling
en las negociaciones de
las pruebas nucleares,
139-140
sobre las explosiones
espaciales, 141
color
clasificación por los ojos del,
214
espectro del, 215
generado por la pantalla,
215 n.
original de una galaxia,
213-214
condensado de campo escalar,
185
condiciones iniciales en las
predicciones meteorológicas,
33, 34, 43, 45, 54
conjuntos causales, 184
constante cosmológica, según
Einstein, 91, 96
Contact, película, 99-100
Coriolis, efecto, 37
cosmología, 25
cuántica, 181-184
popularidad de las
simulaciones en, 256
cosmos, simulaciones del, 20, 22,
62, 65-66, 77, 152, 189-192,
202, 242
véase también mecánica
cuántica
cuadrícula, división del universo
en, 116-117
cuásares
descubrimiento de los, 149

«Para viajar lejos no hay mejor nave que un libro».

Emily Dickinson

Gracias por tu lectura de este libro.

En **penguinlibros.club** encontrarás las mejores
recomendaciones de lectura.

Únete a nuestra comunidad y viaja con nosotros.

penguinlibros.club

Este libro se terminó de imprimir en
Sant Andreu de la Barca, Barcelona,
en el mes de mayo de 2024